大是文化

大腦無法拒絕的癮

揭密商家
製造成癮行為背後的心理學；
但，想成功，
你一定要有一種癮。

U0020820

經濟學者、策略顧問、
《商界評論》等財經媒體特約評論人
孫惟微——著

目錄

第3章

無法回頭的鎖定機制

第4章

從熟悉到習慣，從習慣到依賴

目錄

第7章

不要過度承諾，但要超值交付

目錄

目錄

第14章

推薦序
成功人士都有的「癮」，你有嗎？

資深財經媒體工作者／林俊劭

任職財經媒體工作十餘年，採訪過數百位商業成功人士，我發現他們都有一個共同的特點，就是有「癮」。

有人是對研究成癮，執著鑽研於一項技術，廢寢忘食也要有所突破；有些人是對創業成癮，明明賣掉公司後，身價還有上百億，偏偏還是喜歡找新的項目，投錢投心力焚膏繼晷的經營。

我見過癮頭最大的人，當數兩屆奧斯卡獎得主、臺灣之光李安。

李安導演對拍片成癮。他曾與我分享每次拍片的過程，常常為了一顆鏡頭拍不好整整失眠三個月；為了一段故事說不順，躺在床上絞盡腦汁到四肢充血。

聽起來根本就是對身心的極度酷刑，但李安導演卻能在三十年內產出十四部作品，等於每兩年就要走入創作地獄中一次。他唯一能休息的時候，就是為了新片到處勘景的那幾個月。

問他為什麼要這麼折磨自己？他說：「越拍不出來我就越想拍，後來就著迷了！」

這就是這本書所說的「大腦無法拒絕的癮」。

說到癮，一般人立即聯想到的是負面形象的「物質成癮」與「行為成癮」，前者多以酒精、菸草、藥物為主，後者泛指賭博、上網、性愛等。

事實上，層次更高的癮，是一個滿足自我成就的過程。如同本書第一章的破題：「成癮的本質不是爽，而是癢；不是犒賞，而是渴望；不是得到，而是想要；不是目的，而是過程。」

癢本身是痛苦的、不舒服的，但止癢的過程是愉悅的、滿足的。沒有癢的痛苦，就無法體會到止癢的快樂，所以當然為了追求後者的快樂，不惜先讓自己感受到前者的痛苦，這就是「癮」。

正如本書第八章中所提到的「積極與消極成癮」，若你是對創造有價值的事物成癮，恭喜，你已經走在成功者的路上；但若你是對傷害身體的行為成癮，那千萬小心，你極可能毀掉人生。

本書第一章也提到一個非常有趣的「史金納箱」實驗，即把鴿子關在箱子裡，只要啄擊槓桿就能隨機獲得食物。而實驗結果非常驚人，鴿子會瘋狂的啄擊槓桿，有一隻鴿子甚至在十四個小時內就啄擊八萬七千次，只為了得到獎賞。但鴿子真正得到食物的時間，其實只占了一%。

這證明了生物會為了不確定的獎賞付出極高的代價。正如二〇二〇年七月，臺灣樂透獎金累積高達新臺幣三十一億元，許多人就像鴿子般瘋狂的砸大錢包牌、算命、拜拜，只為了那三千萬分之一的中獎機率。

應用到行銷上，本書作者認為，人之所以有活力，在於滿懷著對未知的憧憬。當顧客知道下一步會發生什麼，一切都會變得無聊，只有預測不到的結果才會激發顧客的渴望。

因此，在利用人類天生的「癮」來設計行銷活動，導引消費者行為時，應該要深刻理解人類有自我超越的需求，會受到更高層次的精神力量、人文力量的感召。不要誤用或濫用所謂的獎賞進行行銷，產品最終要以實現真正的用戶價值為依託，否則狂歡之後只剩無盡空虛。

遊戲與博奕產業正是將人類之癮操弄到極致的產業，人們玩遊戲或上牌桌之所以不覺得累，是因為遊戲中的經驗值與裝備會時刻提醒人們在進步；牌桌上籌碼的快速替換，也會不斷刺激人們的大腦中樞。這種短時間內暴起暴落的心理刺激，正是讓人成癮而無法自拔的原因。

總結來說，本書以癮為題，乍看之下可能會認為是科普書籍，實際上卻是透過分析成癮的本質，反過來討論如何運用人性來引導行為，對從事行銷業務與產品設計工作者，應有相當程度之啟發。

前言
連股神巴菲特也難逃的癮行銷

「癮行銷」是一種早已存在的現象。巴菲特（Warren Buffett）每天都喝五罐可口可樂，每週會吃三次麥當勞，並且他聲稱這些食品可以讓他心情愉悅。但事實上，巴菲特是這兩家企業的重要股東，他還投資了亨氏食品（H. J. Heinz Company）和卡夫亨氏食品（The Kraft Heinz Company），但最讓他得意的投資是時思糖果（See's Candies）。這些投資項目有一個共同點，就是與咖啡因、糖、鹽等「癮品」關係密切。

巴菲特曾高調宣稱自己不碰科技股，卻買了大量蘋果公司的股票。因為他發現蘋果公司的產品即使漲價，仍然有大量狂熱的粉絲。從某種程度上來說，蘋果公司生產的產品也是一種癮品。

電子遊戲行業是癮行銷的集大成者，而後來的社交媒體產品，如 Instagram、抖音等，都含有持續給用戶帶來快感的「正面強化」機制。

如果僅從腦神經科學的視角看，人類就是荷爾蒙的奴隸。我們所有的行為，從無意識的小動作，到自以為深思熟慮後的重大決定，無一不受到大腦獎懲系統的驅使。

進化心理學解釋了何為獎賞，何為懲罰。吃喝拉撒睡，是人類生存繁衍的基礎；囤積收藏，可以提高人們存活的機會；社會交往，能延伸個人的能力；升級進階，能讓人由此感到快樂；見獵心喜，可以讓人從挑戰中獲得樂趣。這些都可以稱為獎賞。那麼，與這些相反的，就是痛苦的懲罰。

經濟學家蓋瑞．貝克（Gary Becker）曾試圖從理性的角度解釋成癮現象：人們之所以喜歡新奇的東西，是因為荷爾蒙對大腦的獎賞受「邊際遞減」效應約束。

隨機的、新奇的獎賞能對抗這種邊際遞減效應，讓我們的大腦保持一種敏感性。

我們喜新卻不一定厭舊，更多的是喜新戀舊。因為舊的、熟悉的事物能產生一種確定效應，讓我們獲得一種確定的獎賞。更重要的是，選擇舊的東西，可以讓我們的大腦進入一種省力模式，讓我們有多餘的腦力去關注更多更新奇的事情。

如今，線上已經開始反撲線下，商業生態正在向虛實融合演化。甚至，未來的遊樂園也可能演化成科幻劇《西方極樂園》（*Westworld*）中，那種由機器人組成的主題公園。

軟體和演算法正在統治世界，世界正在變得越來越容易成癮。

時代在變，但人性從來沒有變。如果把「成癮」視為人的一種行為模式，那麼這種行為正在變得可以預測。

本書試圖從進化心理學和腦神經科學的視角，勾勒虛實結合場景下的「用戶畫像」。然而，只用多巴胺和自私的基因去解釋一切是危險的，很容易讓人墮入庸俗的唯物主義論泥沼中。

人類還有自我超越的需求，會受到更高層次的精神力量、人文力量的感召。我們不要誤用或濫用所謂的獎賞進行行銷，產品最終要以實現真正的用戶價值為依託，否則狂歡之後只剩無盡空虛。

第 1 章

人們買的不是東西，而是期望

人最終喜愛的是自己的欲望，而不是自己想要的東西。

——德國哲學家／弗里德里希・尼采（Friedrich Nietzsche）

1 心癮跟毒癮，都難戒

成癮的本質不是爽，而是癢；不是犒賞，而是渴望；不是得到，而是想要；不是目的，而是過程。

成癮是快樂行為的正面強化，是同一行為疊加的階梯式上升。

行為經濟學家魯文斯坦（George Loewenstein）教授做過這樣一個實驗：他告訴一組大學生，他們等一下會得到一個吻，而且這個吻是來自他們最喜愛的好萊塢電影明星；然後又告訴另一組大學生，他們在一週後才能得到同樣一個令人激動的吻。

實驗表明，後一組大學生的心理滿足程度高於前一組大學生。因為後一組大學生在等待「吻」的這一個星期裡，每天都會以非常真實的、期待的心態，想像自己和最喜愛的好萊塢電影明星接吻的情形。就好像他們已經和那個明星接吻了好多次一樣。

常常會有一些網路遊戲開發者，在自己的遊戲網站上設置這樣一句話：不玩虛的，無限元寶，一刀滿級。假如你想在遊戲裡過一把「君臨天下」的癮，不妨點進去。

然而，當你進去後，你會發現大家都是一樣的。就算真的「不玩虛的，無限元寶，一刀滿級」，那又如何？沒有了打怪升級的過程，這遊戲還能玩得過癮嗎？過癮的前提是，我們必須經歷這個打怪升級的過程。

所以，獎賞和期望獎賞，其實是兩個完全不同的概念。蘇軾的這首《觀潮》道盡其中況味——

廬山煙雨浙江潮，未到千般恨不消。
及至到來無一事，廬山煙雨浙江潮。

旅行的意義和魅力不在於到達終點後的拍照留念，而在於旅行前的整備，出發前的想像，期待與誰同行……終點與過程，登頂與期待登頂，滿足與期待滿足……後者的價值可能更大。所以，藥物依賴者才會說：心癮難戒。

2 行為科學家史金納的鴿子實驗

最早為我們揭示成癮之謎的，是一位名叫史金納（Burrhus Skinner）的美國人，他是一位有聲望又頗具爭議的行為學家。我們說他頗具爭議，是因為他說話比較耿直，不喜歡委婉的表達自己。

例如，史金納認為人的行為是可以被操縱的。他其實可以用一些較和緩的詞彙，像是「環境暗示」或「啟發」來界定人們的行為，就不至於惹來那麼多人的非議了。甚至，他對自己的妻子也是一樣，從來不說「我愛妳」，而是說「謝謝妳今天又給了我正能量」。

史金納追逐名利，喜歡打扮自己讓人拍照。他閒暇時的一大樂趣是統計自己論文被引用的次數，直到他的論文引用次數超過了佛洛伊德（Sigmund Freud），他才不再關注這個問題。而這一切並不妨礙史金納成為「新行為主義」心理學派的宗師。

史金納曾訓練出會打乒乓球的鴿子、會彈鋼琴的老鼠、會用吸塵器的小豬……他設計用來實驗的箱子被稱為「史金納箱」，且被心理學家普遍採用。

一九四四年，史金納接受軍方的邀請，開始一項祕密研究：訓練能夠控制火箭飛行的鴿子。後來，因為採用了雷達控制火箭，研究成果就被捨棄了。之後他又展開了進一步的研究，試圖了解獎賞多變性對鴿子行為的影響。

史金納先將鴿子放入裝有槓桿的箱子裡，只要槓桿被壓動，鴿子就能得到一個小球狀的食物。每一次的食物供給稱為一次強化。之後，史金納又設定了給鴿子投食的時間間隔。鴿子得到食物後，系統會暫停，等到鴿子再次啄擊槓桿才能得到食物。

鴿子無法精確的掌握獲得食物的時間間隔，不過牠們可以透過訓練逐漸接近正確的時間點。最後，史金納隨機改變了投食的時間間隔，這次是六十秒後投食，下次可能是十秒、五十秒或兩百秒等。

這種隨機性投食使鴿子們發瘋了，牠們瘋狂的啄擊槓桿。有一隻鴿子在十四個小時內啄擊了八萬七千次槓桿。而在這十四個小時裡，鴿子真正得到食物的時間只占了一％。

史金納的鴿子實驗，主要是為了驗證如何強化人類的行為。他總結道：「行為的後果決定行為再次發生的可能性。」

關於鴿子的研究報告，是電子遊戲行業的基本指導原則。研究發現，遊戲愛好者不只在贏的時候感到快樂，甚至一聽到遊戲的音樂就感到很興奮，這與史金納的鴿子何其相似！

史金納甚至用這種強化理論來指導育兒。簡單來說，當孩子偶爾出現好的行為時，父母應該進行表揚和鼓勵，來強化孩子這種好的行為；對於孩子不好的行為則「無為而治」，使其自然消退。

說完瘋狂的鴿子，我們再來看看讓人上癮的「漂流瓶」。微信上曾有一個漂流瓶功能，不少人對這個漂流瓶上了癮。它是一個陌生人之間的社交遊戲。漂流瓶內裝著漂流信，但每次玩遊戲撿到的瓶子，裡面並不一定有信，有可能是沒用的海星。而這正是漂流瓶吸引人的關鍵。

更重要的是，微信還限定了每天撿漂流瓶的次數。因此，人們對撿漂流瓶的遊戲更加欲罷不能。漂流信就如同一切稀缺之物，非常有吸引力。然而，當微信完成了它的用戶占有率後，就永久下架了這個功能。

很多網路遊戲的本質，就是讓用戶不停的點擊滑鼠或者開箱子。除去那些聊勝於無的獎勵，玩家真正獲得獎勵的機率並沒有多大。所以說，很多時候人們並**不是為了獲得結果才去做某件事情，更多的是想體驗做的過程**。因為，過程本身比最終的結果更令人著迷。

3 大腦有個獎勵中樞，多巴胺

一九五四年，美國行為學家詹姆斯．奧爾茲（James Olds）和彼得．米爾納（Peter Milner）進行了一項實驗，這個實驗中的發現足以讓他們名垂青史。因為他們發現了大腦中的「獎勵中樞」。

在這之前，已經有科學家成功將細小的針狀電極，埋藏於實驗動物的大腦內，並通過電脈衝刺激動物的大腦，以觀察電流刺激對動物行為的影響。科學家最終發現，其實大腦本身是沒有痛覺的。

奧爾茲和米爾納把電極埋進一群小白鼠的大腦的不同部位，並把牠們關進一個帶有開關（槓桿）的史金納箱裡，以此想知道電流刺激會不會讓牠們產生厭惡。在實驗中，多數小白鼠都討厭腦袋被插入細小的針狀電極。

但是，其中一隻小白鼠的行為很詭異，牠不僅不討厭電極的刺激，反而好像很享受。

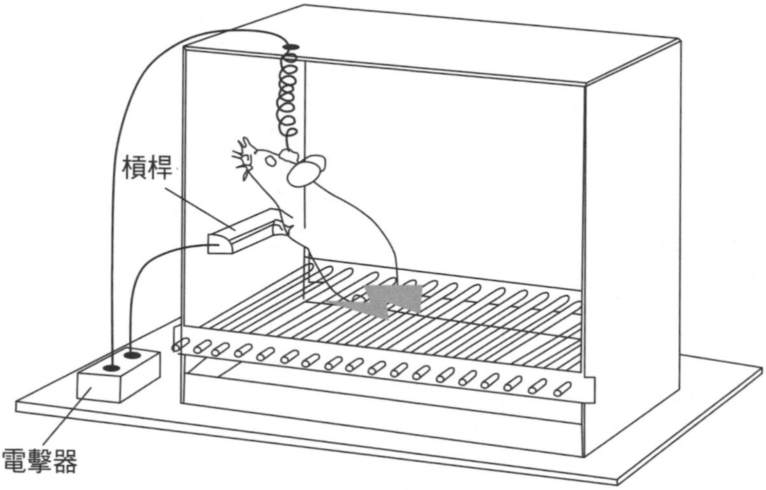

圖 1-1　按壓槓桿開關的小白鼠

這隻小白鼠寧可不吃不喝，冒著被電擊的可能也要跳上通電網格，目的就是按壓開關（槓桿），讓自己的腦部受到電流刺激（見圖1-1）。

當那隻小白鼠學會了按壓開關獲得電流刺激以後，牠就不斷的去按壓開關，按壓頻率高達每小時五千次。甚至可連續按壓十五到二十小時，直到筋疲力盡，進入睡眠狀態為止。

這兩位科學家又進一步發現，小白鼠的大腦中存在一個與欲望相關的特殊區域，叫做依核（快樂預期中樞）。依核被認為與對快樂的期望有關，只要受到微小的刺激就會產生快感。這就是為什麼老鼠會依賴上這種感覺。

由此，科學家又發現，人們的下視丘、邊緣系統及其臨近部位，存在著獎勵中樞和懲罰中樞。當刺激這些部位時，人們就會產生愉快的或不愉快的情緒。

在此之前，人們認為只有視覺、聽覺和語言等功能，才會存在於腦內的特定部位。而且當時流行的觀點認為，像快樂或痛苦這類情感，則存在於大腦的整體活動中。但這個實驗之後，大腦的獎勵中樞被發現了。

人的大腦中有一種叫多巴胺的物質，它能讓人產生愉悅、幸福、渴望、恐懼等感覺。更多時候，多巴胺像一個遊說者，會讓我們產生渴望，進而誘使我們採取行動。

當我們採取行動後，大腦就會獲得快感的獎賞，此時我們的這種行為就會得到正強化。為了繼續得到獎賞，我們就會重複行動，形成一種螺旋式的重複行為，這就是成癮。

4 自我感覺良好是天性，不該批評

詹姆斯・奧爾茲和彼得・米爾納公布了「獎勵中樞」的發現後，成千上萬的研究者發表了與這個主題相關的論文。

數年後，又有一些研究者對人類的大腦進行了相同的實驗。其中一位叫羅伯特・希斯（Robert Heath）的精神病專家，在病人身上重複了這個實驗。結果，病人的反應和小白鼠一模一樣。

病人不停的電擊自己，平均每分鐘可達四十次。在電擊的過程中，很多病人由於電擊而使肌肉放鬆下來，另一些病人會出現休克的症狀，還有些病人會體會到欲望與快感。

更讓人覺得不可思議的是，電源被切斷後，病人還會繼續嘗試按壓按鈕，尋找電擊的感覺。由於病人沒完沒了的做這個動作，研究者只能強行拆下安裝在他們身上的設備。而這個實驗為日後的電擊療法奠定了基礎。

羅伯特・希斯的研究表明，人類和動物的大腦中都有主導快樂或獎賞的中樞。當我們做吃喝這類有益於生存的事時，大腦的獎勵中樞就會讓我們感覺良好。

由此，「獎賞迴路」的概念也被提出來了。

獎賞迴路的全稱是邊緣系統獎賞神經迴路，其功能是加強與獎賞有關的刺激，或是對獎賞的預期。在此之前，主流觀點認為，人的行為動機主要是受負面情緒的驅動，比如恐懼、飢餓等。

人們激勵他人的時候，也常常會採用鞭策和警告的方法。如果想鼓勵一個學生考上大學，就會警告他「沒學歷將來會有多麼悲慘的命運」；如果想激勵一個人去努力工作，就警告他「今天工作不努力，明天努力找工作」。

前面我們說，老鼠們廢寢忘食，不惜被電擊也要迎難而上，獲得一次愉悅體驗。這個發現的偉大之處在於：除了痛苦之外，快樂也是引發行為的動機。

這也說明，渴望才是最強的內驅力。當一個人內心有了對快樂的預期後，風雨中那點痛又算什麼呢？所以，行動力的根本在於建立快樂的預期。

5 痛點、癢點、爽點，都是癮

人餓了要吃飯，渴了要喝水，痛了要止痛。但有時候，人並不是只有餓了才吃飯、渴了才喝水。

人們主動吃飯、喝水，更多時候是由於「快樂」的驅動。行動源自心動，心動就會放大獎賞的誘惑力。真正推動人們開始行動的，是對獎賞的期望，而非獎賞本身。

打個比喻：我們輕撓皮膚會讓自己感到舒服，但我們不會沒事就去抓它。除非真的太癢了，我們才會努力去止癢。

獎賞確實會讓我們感到「爽」，但對獎賞的期望卻讓我們感到「癢」。因為人們大腦中的多巴胺會像放大鏡一樣放大這個獎賞的好處。

有句歌詞說：「得不到的永遠在騷動」；對應的另外一句話是：「得到的永遠不知珍

惜」。科學實驗也表明，這不僅是流行的金句，還是非常正確的論斷。

史丹佛大學（Stanford University）的布萊恩．克努森（Brian Knutson）博士利用功能性磁振造影（fMRI，functional Magnetic Resonance Imaging），測試了人們賭博時大腦中的血液流量。布萊恩想要藉此了解，在賭博時人們大腦中的哪個區域更加活躍。測試的結果表明，當賭博者獲得獎賞（贏錢）時，大腦中的依核並沒有受到刺激。相反的，在他們期待獲得獎賞（尚未贏錢）的過程中，大腦中的依核卻發生了明顯的波動。這說明，驅使人採取行動的並不是獎賞本身，而是渴望獲得獎賞時，產生的那份迫切需要。大腦因為期待獲得獎賞而形成的緊張感，會促使人採取行動。

這個發現同樣適用於購買行為。例如，我們終於買到了自己朝思暮想的物品，但等到真的拿到手的時候，那種心心念念的期待感也就消失了。

越來越多的研究也表明，人們在期待獎賞時，大腦中多巴胺的分泌量會急劇上升。多巴胺這種腦內分泌的神經傳遞物，在我們的大腦中起到的是仲介作用，並不能代表大腦給的獎賞本身。

其實，多巴胺只做「捎信」的工作，它負責告訴我們：「有一個快樂的獎賞（恐怖的懲罰）就在前面。」

平時，我們大腦中多巴胺的分泌量只會有微小的波動。真正導致大腦中多巴胺分泌產生大幅度波動的，是期待的過程，而不是滿足感本身。所以，很多人賭博、釣魚，或許並不是為了要贏多少錢、抓多少條魚，而是為了享受期待、損失、收穫的過程。

像是在釣魚時，一次次的切線、脫鉤、斷竿……這種求之不得的感覺會讓人的欲望隨之上升。在這個過程中，大腦中多巴胺的分泌量會產生波動，這個波動會讓我們感到刺激。正如德國哲學家尼采所說：「真正令人著迷的，不是我們想要的東西，而是欲望本身。」

6 成癮三劍客：多巴胺、欲望、憂鬱

近代學者王國維曾說：「生活之本質何？欲而已矣。」德國哲學家叔本華（Arthur Schopenhauer）對人性的洞察可謂透澈，他說：「生命是一團欲望，欲望不能滿足便痛苦，滿足便無聊，人生就在痛苦和無聊之間搖擺。」

欲望是個中性詞，它的意思與「生趣」大致相同。生趣，就是活著的樂趣。當然，這種樂趣又有低級和高級之分。既然行為動機來源於欲望，那麼欲望源於什麼？

一、成癮行為的核心參與者——多巴胺

當我們沉醉於某種事物時，一些讓我們感覺良好的化學物質的分泌量就會增加，大腦負責獎賞的獎勵中樞就會被啟動。這些化學物質中，最常被提起的是一種名叫多巴胺的神經傳遞物質。

你問一個人多巴胺是什麼，大部分人都能說出：多巴胺是癮、多巴胺是愛欲、多巴胺是專注力、多巴胺是行動力……而這些都只是以偏概全、簡化版的答案。

其實，多巴胺是一種神經傳導物質，是大部分成癮行為的核心參與者。它從前一個神經元中釋放出來，漂浮在兩個神經元突觸之間的狹小空隙中。然後多巴胺分子到達下一個神經元突觸的受體上，隨即啟動信號，並在第二個神經元中傳遞。

多巴胺分泌不足可能會使人罹患帕金森氏症，那麼，多巴胺分泌越多就越好嗎？不盡然。多巴胺不僅會讓人感到快樂，也會讓人感到恐懼。在研究動物的實驗中表明，動物在感到害怕時，多巴胺分泌量也會增加。

也有研究顯示，多巴胺分泌量過少，容易有憂鬱症傾向。而多巴胺分泌量過多，就很可能得到躁鬱症，個性變得非常敏感。

所以說，多巴胺是一種可以讓快樂或恐懼的感覺更為強烈的物質。它有時像一個巧舌如簧的媒婆，告訴你前面有一個美若天仙（或玉樹臨風）的人在等你。有時又像兩軍交戰時的信使，告訴你敵軍正帶著百萬鐵騎而來，要與你決一死戰。

有一種新觀點認為，多巴胺本身並不是引起成癮、恐懼等心理行為的直接原因。多巴胺可以看作和味覺、聽覺一樣的生理機能，是一種對顯著敏感特徵的警示。

大腦分泌多巴胺，可以讓我們有獲得獎賞的感覺，是我們能夠保持活力的前提之一。

但失去控制的大腦獎勵中樞，就可能會導致一系列無節制的強迫性成癮行為發生。

二、當「癮君子」變得心如止水

《美國精神病學期刊》（*The American Journal of Psychiatry*）曾刊登過這樣一則案例：

三十三歲的亞當嗜酒、吸毒。有天，他服用了大量毒品，以致陷入了深度的昏迷中。幸運的是，他最後被搶救了過來，但這次吸食毒品經歷差點要了他的命。亞當醒來之後，失去了對毒品的欲望。這很令人震驚！

亞當不僅失去了對毒品的渴望，還失去了對所有東西的欲望。從此，沒有任何事物能再讓他提起興趣。他身體中的能量好像消失了，集中注意力的能力也不見了。

當他不再期待毒品帶給他快樂的時候，他便失去了期望，最終患上嚴重的憂鬱症。

亞當這則病例的價值在於：它如實的反映了，一個人是如何從癮君子變成清心寡欲、心如止水的人。於是，亞當的主治醫生掃描他的大腦。醫生發現，在亞當吸食毒品導致大腦缺氧的那一段時間裡，他大腦中的獎勵中樞受到了器質性（永久性）損壞。

當一個人大腦中的獎勵中樞不再工作，他就失去了對事物的渴望，也就失去了生機和活力；當一個人的欲望全部消失時，他也就失去了生趣。

科學家也發現，大腦的獎勵中樞不夠活躍，是某些憂鬱症患者發病的生理病徵。其實，我們很多時候說「對某種東西感到快樂」，很可能指的是「渴望這種東西」。當我們失去渴望時，並不是不能感受到快樂，而是懶得再去追求快樂。

三、憂鬱的本質

現在，越來越多人有了一個共識：憂鬱的反義詞不是快樂，而是活力。史丹佛大學的布萊恩．克努森博士曾做過一個實驗，他讓患有憂鬱症的人和沒有患憂鬱症的人，共同參加一個活動，在活動中，這些人有可能贏錢，也有可能輸錢。

而此時，布萊恩博士利用功能性磁振造影，來檢測參與者大腦的活動情況。布萊恩博士發現，當期望贏錢時，無論是憂鬱症患者，還是非憂鬱症患者的依核都被啟動了，然而只有憂鬱症患者的大腦前扣帶皮層（大腦中與解決矛盾衝突相關的區域）的活動增強。

一個健康的人，在做一件令自己快樂的事情時會有快樂的感受。快樂就是直接的獎勵。這個積極的回饋會驅使人不斷採取行動。然而，憂鬱症患者的腦內獎懲系統是紊亂的。

布萊恩．克努森博士的這項研究，有助於進一步了解憂鬱症患者內心的快樂和痛苦是怎麼相互聯繫。而這也說明憂鬱症並不是單純的缺乏快感引起的，而是處理獎賞資訊的神經元活動，受到了處理懲罰資訊的神經元活動干擾。

我們可以說，憂鬱症患者之所以會出現憂鬱的症狀，是因為他們的大腦正處於一種內耗的矛盾狀態。布萊恩博士認為，這就是因為憂鬱症患者在處理正面資訊過程中遇到了困難，無法正常的消化這些訊息。

這也更明確的說明了，憂鬱症患者在面對可能獲得獎賞的機會時，他們的內心是矛盾的。該研究還表明，某些憂鬱症患者只不過是情感上有點痛苦、失望或者困惑，而不是缺乏快感的刺激。

7 成癮三步驟：觸發、犒賞、鎖定

在《鉤癮效應：創造習慣新商機》（*Hooked: How to Build Habit-Forming Products*）中，尼爾・艾歐（Nir Eyal）和萊恩・胡佛（Ryan Hoover）兩位作者提出了一個產品四步成癮的模型，即觸發、行動、變動獎賞、投入。為了便於理解，我把這個步驟簡化為三步；即觸發策略、花式犒賞、鎖定機制，暫且稱之為「三步成癮」原理。

三步成癮原理中，「花式犒賞」是關鍵所在，即如何用各種手段讓消費者對產品上癮，讓他們欲罷不能。

一、觸發策略

所謂觸發策略，就是觸動、撩動、發動顧客去試用和購買的策略。觸發策略其實是傳統行銷學已經研究得很透澈的一個話題。最直接的觸發策略就是打廣告，例如，你看到廣告上的男人開了一輛車，自信滿滿的樣子，你也就有了想要買一輛車的衝動。

有時候，觸發策略只需要一個非常微妙的細節改變就能啟動。萬寶路（Marlboro）香菸在進軍日本市場的時候，出師不利。為了扭轉戰局，外包裝設計者從包香菸的錫箔紙上著手，改進了原本的設計。

設計者在錫箔紙上刻了一圈虛線，以方便消費者撕開。正是這個細微的改變，使萬寶路香菸在幾個星期內就走出了低迷的態勢。原來，日本人生性喜歡整潔、精緻的東西。他們不喜歡把錫箔紙撕下來的那種凌亂感覺，因為這可能會破壞錫箔紙表面的圖案。

正是設計者在錫箔紙上刻一圈虛線，使得消費者既能輕而易舉的拆開包裝，同時又能保持圖案的完整。所以說，觸發策略就像我們在打靶時扣動扳機一樣，子彈會射向目標（消費者），而觸發策略的優劣，決定了命中率的高低。

二、花式犒賞

當消費者被觸發或喚起以後，他們就會採取行動，購買或使用產品。這個時候，行銷者要給顧客一個積極的回饋，獎勵或犒賞消費者。回饋不能千篇一律，如果總是一樣，就會被消費者一眼看穿。時間一長，消費者就會感到乏味，甚至膩了。因此，我們需要不同的花式犒賞。

我們需要什麼樣的花式犒賞呢？下面我們就來說說九種花式犒賞形式。

1.生理型犒賞：水、麵包、陽光、房屋、性等基本的生理需求。

2.囤積型犒賞：滿足人囤積和占有的欲望。

3.隨機型犒賞：臨時獲得的獎品、有趣的故事等讓人興奮的獎賞。

4.即時型犒賞：大腦喜歡快速、積極的回饋。

5.社交型犒賞：按讚、微笑、合群、被認同等可以讓人愉悅的獎賞。

6.晉升型犒賞：人都有向上爬的欲望，迷戀等級、勳章、奢侈品。

7.自我實現型犒賞：滿足人們的完成欲、使命感。

8.超越型犒賞：高峰體驗。

9.偽犒賞：惠而不費的獎賞、零獎賞、負獎賞。

那些讓我們欲罷不能的習慣養成類產品，或多或少都利用了這幾類犒賞形式中的一種或者幾種綜合。

我們能夠在各種具有吸引力的產品和服務中，找到花式犒賞的影子。在它們的召喚下，我們會點進頁面，使用 App 或者購買產品。

這九種犒賞形式，我們將在第二章詳細介紹。

三、鎖定機制

所謂鎖定機制，就是透過讓用戶投入其中而鎖定用戶，實現與用戶間的強力連接。關於鎖定機制，行銷學界和行為經濟學界已經有不少研究成果，當它們與成癮機制相結合時，便會爆發出驚人的威力。

在這裡，我們先來簡單介紹幾種常見的鎖定機制，具體會在第三章詳細介紹。

第一種鎖定機制——沉沒成本。

沉沒成本，又叫非攸關成本，指沒有希望撈回的成本。即追加投入再多，都無法改變大勢。從理性的角度來看，沉沒成本不應該影響決策。但行為經濟學家理察·塞勒（Richard Thaler）透過一系列研究，證明了人的決策很難擺脫沉沒成本所帶來的影響。

我們可以想想，自己在生活中是否有過類似下面的經歷：一部連續劇已經越來越沒意思了，但你還是會去追；一個遊戲已經越來越乏味了，你還是會儲值繼續玩……。

再比如，你預訂了一張話劇票，已經在網路上付了錢，而且不能退票，但因為最近太累不想去看了。可是一想到如果不看就浪費了錢，於是你還是去看了這場話劇。

但是在看話劇的時候，你越看越覺得無聊，這時你會有兩種做法，一種是忍受著看完，另一種是提前離開劇場。這個過程中，你付的錢已經不能收回了，就算你不看話劇，錢也收不回來。而這次你為看話劇付的錢就可以稱為沉沒成本。

第二種鎖定機制——宜家（IKEA）效應。

宜家與其他家具公司銷售已組裝完畢的家具的做法不同，它讓消費者自己動手組裝家具。行為經濟學家丹．艾瑞利（Dan Ariely）透過調查發現，讓客戶投入體力勞動有一個看不見的好處——客戶對自己組裝的家具會產生一種非理性的喜愛，所以會高估這件家具的價值。

讓用戶投入其中，付出精力，可以提升產品的價值。例如微博，只是一個可以分享日常生活內容的應用程式，但由於它的內容是使用者自己寫的，那麼用戶在自己的微博上寫的東西越多，就會越珍惜這個微博帳戶。所以當微博引導用戶升級為付費會員的時候，很多人也願意從口袋掏出錢。

很多企業會利用使用者的投入，給自己的產品賦予更高的價值，因為他們知道，使用者為產品付出過努力，對產品投入了自己的勞動，所以會更加珍惜這款產品。

第三種鎖定機制——圓滿效應。

當我們畫一個圓，畫到四分之三的時候，一個急迫的電話打斷了我們。於是，我們不得不停止畫圓去接電話，但在講電話的時候，我們的心裡仍會記著自己還沒畫完的圓，而且會告誡自己一定要把圓畫完。

其實，集齊各種「福」字兌獎的活動，以及集點卡抽獎的活動，都是利用了人們的這種心理。

像是很多果粉就覺得一定要買齊蘋果三件套，即 iPhone、iPad 和 MacBook，才會功德圓滿。這其實就是一種追求圓滿的內在驅動力在心理作祟。

把一款遊戲破關，追一部劇直到大結局，在這期間，我們可能早就不想玩這個遊戲，或者早就不想看這部越來越離譜的連續劇了，但我們還是堅持到底。其實這都是圓滿效應在起作用。

辦會員卡也是一種圓滿效應。我們入住飯店的時候，會很在意自己是金卡會員還是白金卡會員，抑或鑽石卡會員。雖然最高等級的會員並不能帶給我們多少優惠，但我們心裡卻感到非常滿足。

其實從購買會員卡那一天起，消費者就已經被「鎖定」了。因為我們的心裡會覺得自己總有一天要變成最高等級的會員，如此才算圓滿，否則總會有一種小小的遺憾。

第四種鎖定機制——試用效應，也可稱為小狗效應。

這就好比父母帶孩子逛街，路過寵物店，孩子一直和寵物店的小狗玩，不忍離去。如果店主和孩子的父母認識，會慷慨的說：「你們把牠帶回家過週末吧。如果牠和你們合不來，或者你們不喜歡，星期一早上再送回來就行。」

父母和孩子如何能抵擋這樣的誘惑！在與小狗相處的日子裡，一家人都很快樂。大家每天爭著去遛狗，看著小狗的樣子，心裡就越喜愛，甚至小狗晚上亂叫也不覺得吵鬧。

星期一到來了，父母要上班，孩子要上學。但父母和孩子已經把小狗當成家庭中的一員了，都不想把小狗送走。於是，這一家人就很可能會買了這隻「暫放」的寵物狗，這就是小狗效應。

很多 App 產品也會提供一個試用期。例如顧客可以先免費訂閱該項目三十天，試用期滿後可以選擇續訂或不續訂。這就是利用試用效應的行銷策略。

第五種鎖定機制——承諾和一致性。

這個原理由暢銷書《影響力：讓人乖乖聽話的說服術》（*Influenc:The Psychology of Persuasion*）作者羅伯特・席爾迪尼（Robert Cialdini）博士提出，它其實是由內外雙重心理鎖定機制構成。

承諾是一種外部的鎖定。我們都知道，不管是人還是企業，言行不一時，就會受到社會的道德譴責。現在很多電商會引導顧客打五星好評，甚至寫吹捧性留言，條件是給予事後優惠。當顧客為了蠅頭小利按讚或評論後，其實就相當於公開為這家電商做了信用背書。除非商品品質真的很差，否則顧客不會再去黑這個商家。

第六種鎖定機制——持有效應。

心理學家在賭馬者身上發現了一個有趣的現象，那就是賭馬者一旦下了賭注，他們立刻會對自己下注的那匹馬信心大增，儘管這匹馬獲勝的機率其實並沒有多大。

就在下注前半分鐘，他們還對下注的馬匹能獲勝沒有一點把握，然而下注之後，他們馬上就會變得樂觀起來，對自己下注的馬匹信心十足。

第七種鎖定機制——網路效應。

網路效應在經濟學上被稱為「網路外部性」，也就是說，這個效應並不是由產品本身引起的，而是因為外部環境中使用它的用戶多了，它的價值才大了。簡單來說，一件產品被使用者使用的次數越多，這個產品就越有價值。

上面說的七種心理學效應，並不都是孤立存在，有很多時候需要交叉配合作用。

第 2 章

大腦無法拒絕的九種癮

快樂並不需要下流或肉欲。往昔的智者們都認為，只有智性的快樂最令人滿足而且最能持久。
——英國小說家／威廉．毛姆（William Maugham）

對大腦的犒賞形式（就是癮）有各式各樣，這些犒賞的不同排列組合，會讓人們產生不同的過癮體驗，而且有欲罷不能的感覺。結合當下的市場行銷實踐，我認為大腦無法抗拒以下幾種犒賞形式。

生理型犒賞

人只有五種感官，卻有六種欲望：見欲、聲欲、香欲、味欲、觸欲、意欲。而佛教經典《大智度論》則認為，人的六種欲望分別是：色欲、形貌欲、威儀姿態欲、言語音聲欲、細滑欲和人相欲。

從人類生存和延續的角度來看，聲欲、食欲、性欲都是符合生理的、自然的獎勵。孔子說：「飲食男女，人之大欲存焉。」就是說，飲食和性行為是人類最基本的生理欲望。因為人吃喝拉撒睡時，大腦的獎賞迴路會被啟動。

高糖、高鹽、高脂肪、麻辣等食品，以及含可可、咖啡因等飲料會讓人上癮。由此西方國家就出現了一個新概念——癮品。

性是一種隱蔽的欲望，從進化論的角度來看，人們的性欲是為了繁衍後代。但人類的性欲如果被濫用，就會導致墮落。

當孔子在齊國聽到韶樂後，居然食肉三月不覺滋味，這是聲欲的魅力。一種聲音好不好聽，其實取決於它對我們大腦的刺激技巧。一些高檔汽車的關門聲，其實就是特意設計出來的。

有一個概念叫ＡＳＭＲ（按：自主性感官經絡反應，Autonomous Sensory Meridian Response），又名「顱內高潮」，這個概念主要是，透過對視覺、聽覺、觸覺、嗅覺等感知上的刺激，使人的顱內、頭皮、背部或身體其他部位產生愉悅的感覺。

ＡＳＭＲ在醫療研究方面也有一定的價值，例如可以借助立體化的聲音，幫助失眠者舒緩情緒、快速入眠。

肯德基也曾經利用ＡＳＭＲ原理進行行銷。英國的肯德基速食店在其網站上開設了一個頻道，進入網站的人可以聽到炸雞、烤培根、燉肉的聲音，每種聲音將持續播放一小時。肯德基速食店也曾讓人扮成「肯德基爺爺」，對著鏡頭提供各種聲音刺激，像是吃酥脆炸雞時發出的聲音。

囤積型犒賞

在人類進化史上，善於在身體內囤積脂肪的祖先比較容易存活下來。在沒有冰箱的漫長歲月裡，保存食物，尤其是保存那些很難獲取的食物，一直是人們非常頭疼的事情。

囤積是一種適應性行為。無論是螞蟻、蟑螂、老鼠還是人，只有囤積食物，才能應對惡劣的自然環境，也難怪囤積會讓人們獲得安全感。人類是善於使用工具的高級動物，所以我們還進化出了對武器和工具的囤積欲望。

如今的人們熱衷於瀏覽、搜集各種資訊，從進化論的角度來講，這與我們對食物的熱愛和囤積一樣，都是為了增加生存的資本。

我們和電影《艾莉塔：戰鬥天使》（*Alita:Battle Angel*）中的女英雄一樣，都擁有一個「倖存者的靈魂」，對武器、裝備有著特別的執念。在網路遊戲中，我們會貪婪的想要占有各種武器，版圖的擴大會讓玩家產生一種占有的快感。甚至《大富翁》這種卡通化的遊戲，也會讓玩家獲得控制資產的良好體驗。

有些人天生愛囤積、儲藏，有的人甚至有囤積的強迫症傾向，以至於家中堆滿了無用之物。他們深信，自己的那一堆破書和舊雜誌裡，可能包含著自己有朝一日會用得上的重要資訊。

在現今許多內容平臺上，我們只要看完其中一篇文章，就能獲得積分（金幣）獎勵。暫且不說這些積分或者內容有沒有用，但它最起碼滿足了一些人的囤積欲望。

隨機型犒賞

科學研究表明，未知的好消息會激發人們內心的渴望。人們在期待獎勵時，大腦中多巴胺的分泌量會急劇上升。獎勵的變數越大，大腦分泌的這一神經傳遞物質就越豐富，人也會因此進入一種專注的狀態中。

賈伯斯（Steve Jobs）在世的時候，人們認為他隨時都有可能公布一些令人震驚的消息。一般情況下，在蘋果公司的新產品發布的前幾個月，會故意洩露一些資訊。先是一個可靠的消息，然後是謠言，接著又用其他謠言來反駁先前的謠言。這些虛虛實實的消息，本質上就是一種隨機型犒賞，驅使人們進行更加瘋狂的猜測。

所以在網路上，有人經常會假想出一款蘋果手機，並猜想未來的蘋果手機是什麼樣子。這種對未知的預期會打亂人們大腦中負責理性與判斷的部分，而負責需求與欲望的部分會被啟動。

賈伯斯還有一個讓人尖叫的口頭禪——「還有一件事……」每當大家都以為新聞發布會快要結束時，「彩蛋」又來了，賈伯斯會說：「哦，還有一件事……」然後他會拿出一個驚豔全場的產品，這種意外之喜簡直讓人欲罷不能。

當人們都在猜測下一代 iPod 會是什麼樣子的時候，賈伯斯卻從口袋裡掏出來一個 iPhone 智慧手機。當人們覺得發布會要散場的時候，賈伯斯又會拿出一個大信封，並從裡面掏出一個 Macbook Air 超薄筆記型電腦。

當大多數廠商，都信奉媒體轟炸性宣傳策略的時候，蘋果卻「猶抱琵琶半遮面」。賈伯斯最喜歡製造意外之喜。他越保持神祕，就使人越興奮。

驚喜是一種依賴於期望、又打破期望的腦內獎賞。我們痛恨別人劇透，就是因為他們毀掉了我們在期望的過程中本該享受到的驚喜。

假設一位甜品店的老闆決定，每週二免費贈送一盒泡芙給顧客。這種贈送行為如果持續到第四個星期，那麼免費贈送的泡芙在顧客眼裡就沒有了吸引力，人們就會認為那是理所當然的事情。

有批研究人員用香蕉餵一群猴子，並透過大腦掃描技術監測、記錄猴子的興奮程度。他們發現，比起事前得到會投遞香蕉的消息，在沒有任何預兆的情況下得到香蕉，猴子會更加興奮。而且此時，猴子大腦中的多巴胺神經元興奮得更持久，強度更高。

也就是說，多巴胺系統對新鮮事物的刺激更敏感。所以隨機的、稀有的、新奇的犒賞，會給顧客帶來難以忘懷的體驗。正是這個原因，在遊戲打怪的過程中，時不時爆出的稀有裝備或道具，會讓玩家感受到強烈的驚喜。

Uber 進入中國市場時，行銷策略是主打有趣和驚喜。在推廣期間，如果顧客叫了普通等級的車，公司可能會給顧客突然升級，派來一輛豪華的ＳＵＶ房車，這種驚喜就會讓顧客難以忘懷。

人之所以有活力、有生氣，在於滿懷著對未知的憧憬。而穩定的獎賞，就像鐘擺一樣無聊乏味，不過是一遍遍重複著單調的擺動而已。這也可以解釋人為什麼會喜歡冒險，不過是要對抗這種乏味罷了。

而金融市場也是一樣，因為中間的跌宕起伏，才會令人痴迷。

在市場行銷中，當我們費盡心思把顧客吸引過來，也就與顧客建立了聯繫，這個時候就要盡快給予他們積極回饋，花式犒賞顧客，例如會員優惠、儲值送禮券等。而這其實只是最基本的犒賞手段。

然而，一旦顧客知道下一步會發生什麼，一切都會變得無聊。只有預測不到的結果才會激發顧客的渴望。但需要注意的是，人們厭惡極度的不確定性，這就需要商家把這種不確定性設置在一個合理的範圍內。當然，如果商家的促銷過於頻繁且無規律，也會讓品牌的吸引力嚴重下降。

即時型犒賞

即時型犒賞，是一種快速回饋、隨時回應的獎賞。大腦喜歡快速、積極的回饋。當我們去遊樂場玩的時候，往老虎機裡投幣，老虎機就會發出絢爛的燈光、悅耳的聲音，這就是即時型犒賞。

地鐵站總是希望乘客多走樓梯，但大部分人都偏愛搭乘電梯，於是某地鐵站就把樓梯漆成了黑白相間的顏色，看上去像鋼琴的鍵盤，當腳踩上去的時候，每一個階梯都會發出不同的聲音。這個方法大大提升了乘客走樓梯的機率。悅耳的聲音——這種即時、積極的回饋讓人對走樓梯上了癮。

人們玩遊戲不覺得累，是因為遊戲中的經驗值、進度條會時刻提醒人們在進步。遊戲之所以能誘惑人們，主要靠的是這種快速的「進步感」。

我們不妨觀察一下：當在排隊買票時，有兩列一樣長的隊伍，不同的是，一列的人潮等速前進，另一列則時快時慢。大部分人肯定會選擇那列等速前進的隊伍，因為等速前進會讓我們的心情更好一些。

但其實不論我們排在哪列隊伍後面，買票所用的時間都差不多；要知道，大腦喜歡即時的、積極的回饋，哪怕只是一種假象。

假設我們第一次去一家甜品店消費，老闆送給我們一張集點卡。集點卡上面畫了八個格子。老闆說：「從下次開始，你每消費一次就可以在格子裡蓋一個章，集滿八個印章，就可以獲贈一盒天然奶油蛋糕。」

然而，老闆還有另一個版本的積分卡，上面畫了十個格子。老闆說：「你每消費一次，就可以在格子裡蓋一個章，集滿十個印章，你就可以獲贈一盒天然奶油蛋糕。考慮到你是第一次來消費，我們先把前面兩個格子的章蓋了，下次就直接從第三個格子開始蓋章。」

其實，這兩種積分卡的價值對我們來說是一樣的，只是老闆用了兩種方式進行推銷罷了。但統計顯示，第二種積分卡的出售率比第一種高兩倍左右（見下頁圖 2-1）。

長期性接收到好消息，比一個非常好的消息，更令人滿意；經常嶄露頭角，比長期不得志後的一鳴驚人更令人有幸福感。

網際網路商業模式中，如果從癮行銷這個維度分析，**快獎賞淘汰慢獎賞，操作簡單打敗操作複雜，已經成了一個趨勢。**

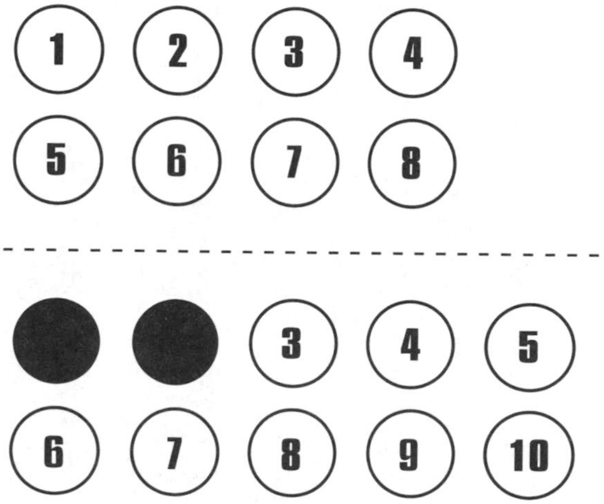

圖 2-1　下方先蓋上兩格的集點卡出售率高出兩倍

抖音這類簡短影片平臺的崛起，得益於其「短」。過去，我們在相聲、小品中要看幾分鐘才能聽到、看到一個笑點，現在在抖音等影音平臺上，只需幾秒就能聽到或看到。這種即時型犒賞，可以讓大腦有高潮迭起的感覺。

同樣的道理也可以用來解釋為什麼微博會超越部落格、短影音能超越微電影。

社交型犒賞

人是一種社會動物，我們都有與他人建立關係的本能。在原始社會中，人們靠群居生活得以倖存，因為與他人合作才能更好的克服種種困難。所以，人們本能的渴望社交認同，社交認同是一種基本的心理需求。

我們在社交媒體上「晒」各種東西，很大程度上是為了獲得他人的認同。按讚就是最簡單的社交認同。

我們喜歡網路遊戲勝過單機遊戲的原因也在於此。在網路世界裡，我們可以獲得他人的關注、評論和按讚，可以和他人並肩作戰，組成團隊、公會，甚至玩家之間可以舉辦虛擬婚禮，這其實都是一種尋求社交認同的表現。

當孩子要與母親分離，他們就會非常依戀和母親一起蓋過的那條毯子。對孩子來說，這條「安全毯」成了母親的替代品。成人其實也一樣。當我們不能與他人建立起健康的社會關係時，我們會尋求與他身邊的「物」建立聯繫。

一九八〇年代的一個研究表明，成績不佳或求職不順的ＭＢＡ學生（按：工商管理碩士，Master of Business Administration），更傾向於向別人展示自己高檔的西裝和手錶。這其實是社交認同受挫後的一種彌補行為。這其中往往也蘊含著商機，行銷者可以增強某些商品的「擬人化」（模擬欲親近對象）特質，以彌補社交型犒賞的不足。

晉升型犒賞

在所有動物中，靈長目動物的分級最為森嚴。人類，是萬物之靈，按照馬克思主義的觀點，人類社會的階級壓迫由來已久。現代考古發現，階級壓迫最早甚至可以追溯到原始社會早期。

人類社會是一個大型金字塔結構，向上爬是人的本能。奢侈品的第一特徵是稀缺性，對應的是金字塔尖的位置，而爬金字塔其實是一個永無止境的遊戲。

當然，奢侈品也具有社交型犒賞的作用，但奢侈品最主要的功能是晉升型犒賞。每個人都想擁有奢侈品，這就是一個商機。你或許不喜歡名牌服飾，但你可能會喜歡豪車，你不喜歡豪車，但你可能會喜歡住豪華飯店，人總是會對奢侈品有欲望。

我們也發現一個規律：一些奢侈品只在一定的時間段內是奢侈品，隨著時間流逝和社會發展，就會逐漸淪為「日用品」。比如智慧型手機、電腦等，曾經都是奢侈品，現在已經變得普通人也可以享用。

很多時候，我們對服裝品牌的重視，甚至會超越款式和品質。人們選擇購買奢侈品，不僅因為它是社會階層上升的「認證徽章」，還因為它能帶來意想不到的社交認可和機遇。

這與玩家在遊戲中買最高級的戰袍、裝備，是一樣的道理。

人們骨子裡總是希望自己是擁有特權的少數人。某些行業會根據人的這種本能，制定帶有不平等性的用戶政策，滿足人們的特權欲，並由此獲得豐厚的利潤。例如航空公司就會把機艙分為頭等艙、商務艙和經濟艙。

中國企業家史玉柱所投資的遊戲《征途》，將玩家區分為人民幣玩家和普通玩家。他說：「網路遊戲依照時間點卡（按：利用購買月卡等形式，儲值一定遊玩時間）收費，最嚴重的問題就是，無論是窮學生還是億萬富翁，在遊戲中的消費都一樣——這在行銷上是最忌諱的。」

絕大多數的網站也會以免費為誘餌，然後透過提供增值服務，將使用者劃分層級，製造一種特權感。

遊戲中的各種勳章、會員、VIP等級等獎勵，都是為了滿足人們希望獲得層級上升的優越感。很多手機遊戲、小程式，每天會公告一次排行榜，就是利用了人們希望成為傲視群雄之人的本能。

自我實現型犒賞

「挑戰欲」是一種自我實現型犒賞。千萬不要低估了人類的挑戰欲，如果有機會實現目標的話，很多人樂於接受挑戰，並期待挑戰成功後得到喜悅，這就是一種典型的自我實現型犒賞。

人們想做出比以前更好的行銷方案，希望寫出更有價值的作品，這些都或多或少受到了挑戰欲的驅動。這種期望中的成就，就是自我實現型犒賞。

還有一種常見的自我實現型犒賞就是使命感。電影《駭客任務》（*The Matrix*）的開頭，講述一個整天被老闆壓榨的普通上班族，夢見自己成為了拯救世界的英雄。這其實是很多人「平凡日子裡的英雄夢想」。

很多網路遊戲都會在開頭交代一下遊戲背景，像是妖魔禍害人間、地球遭遇殭屍病毒侵襲等。在遊戲的開始，玩家會被告知如何玩這個遊戲，如何斬妖除魔、拯救人類。這個充滿現實感的開頭，為虛擬的遊戲增添了存在的意義。雖然很多時候玩家也知道這不過是一堆虛擬的程式在運行，但是遊戲賦予玩家虛擬的使命，卻能有效召喚玩家去降妖除魔，並讓玩家感到高興、憤怒、崇高，或者悲壯。這就是虛擬的自我實現型犒賞。

超越型犒賞

心理學家馬斯洛（Abraham Maslow）曾提出一個高峰體驗（peak experience）的概念。高峰體驗，是一種類似於登臨高峰之巔的感覺，一種感受到來自心靈深處的顫慄、歡快、滿足、超然的情緒體驗。

在高峰體驗的狀態下，我們會有敬畏、崇拜等心情，體會到超越與神聖的感覺。與之相關的詞彙有出神、上癮、心流、狂喜、入迷、出神等。這種高峰體驗，可以稱為超越型犒賞。

馬斯洛認為，所有人都具有享受高峰體驗的潛在能力，但「自我實現的人」（需求層次理論的頂層）更可能產生「高峰體驗」。

這種高峰體驗，只要經歷一次就足以讓人上癮，但它又不是上癮，而是一種超越型犒賞，是很多創造性活動、創造性思維的動力之源。

愛因斯坦曾說：「我們所能擁有的最美經驗，就是神祕的事物。」而莫札特則說過：「我真的從不曾研究或追求創意，音樂不是由我而來，它是自然的透過我而來。」

高峰體驗是一種神祕現象，與血清素、腦內啡、多巴胺、大麻素、催產素、腎上腺素有關。所以，當一些誤入歧途的創作者乞靈於成癮性物質時，另一些天才型的高創造力個體，正欲罷不能的投入某一個創造領域，把自己的心思精力投入其中，透過創造性活動、創造性思維，獲得超越型獎賞。

中國知名創業家孟醒曾說：「我和核心團隊認為，最令人興奮的是把某個商業行為做成案例，充分將我們自己總結的商業『方法論』實踐出來，印證我們的方法論派得上用場——就像研究出《相對論》還不夠，得看到原子彈爆炸，蕈狀雲升起一剎那，眾人稱讚 $E=mc^2$ 原來是真的！如此才覺得飄飄欲仙，暗爽不已。」這個時候，其所獲得的就是一種超越型犒賞。

偽犒賞

我們的大腦非常容易被騙，例如生病的時候，我們喝點水就會感覺好多了；憧憬一下未來，我們的幹勁就起來了；穿一件名牌衣服，就覺得自己的地位上升了。

大腦對得與失的判斷，會依賴一個「參照物」，從而獲得一個比較好的結果。這是種主觀感受，如果以輸為參照物，那麼不輸就是贏；如果以大贏為參照物，小贏就是輸。

「憶苦思甜」能使我們不忘過去的苦難生活，從而更加珍惜眼前的幸福生活。這也是偽犒賞的原理所在，偽犒賞的意義在於「預期管理」，有三種形式：無關緊要的獎賞、零獎賞、負獎賞。

商家可以透過語義效應、文字遊戲，製造出惠而不費的獎賞。這種偽犒賞可以有效的排遣人們日常生活中的枯燥，降低快感的臨界值。

玩遊戲的時候，玩家大部分的時間都用來打怪獸了，打開偶爾出現的寶盒會讓玩家獲得十幾枚金幣，但總比什麼都沒有獲得好。

零獎賞也是非常重要的，假如玩家一直受到獎賞，那麼玩家的快感臨界值會不斷升高。當真正的獎賞到來的時候，他們就沒有那麼興奮了。所以，為了讓獎賞能夠保持其本身的吸引力，行銷者需要矜持點。因此空寶盒的出現，可以讓十幾枚金幣顯得不那麼雞肋；在漂流瓶遊戲中，撈到海星，可以讓撈到漂流信變得更有吸引力。

偽犒賞的極端形式是負獎賞，也就是懲罰。「前面有肉，後面有狼」的飢餓遊戲最為刺激。賭博之所以令某些人迷戀，是因為它是有贏、有輸、有平局的遊戲。網路遊戲中的人物並非不死之身，同樣會受傷、中毒，這種懲罰機制會激起玩家的挑戰欲。

而偽犒賞的存在，會令前面幾種犒賞（犒賞的組合）顯得更有魅力。

第3章

無法回頭的鎖定機制

一個人如果不能平靜的面對自己的損失，就會參與到他原本不可能接受的賭博。

——美國心理學家／丹尼爾・康納曼（Daniel Kahneman）、阿摩司・特沃斯基（Amos Tversky）

1 求圓滿的配套心理，讓人一買再買

很多時候，我們所擁有的自由並不是絕對的，需要我們認真總結和反思。那些讓我們上癮的事物中，都隱藏著一種鎖定機制，都有一個無形的「倒刺」，當我們想要退出時，就必須為之付出一定的代價。

圓滿效應是客戶購買產品的重要動機。例如，顧客買了宜家的一個書架，可能不久後又買了一張宜家的沙發。又或者，一個顧客買了一臺 iPhone，接著會買一臺 iPad，進而還會考慮是否需要連筆記型電腦都買 MacBook，湊齊蘋果三件套。

宜家家居的商品定價，就充分利用了圓滿效應的行銷學原理。宜家總會推出幾件性價比很高、設計精良的產品，當顧客買了這些產品後，就會擁有超值體驗。在配套效應的引導下，顧客就會順帶購買宜家其他的產品。

德尼．狄德羅（Denis Diderot）是十八世紀法國的著名哲學家。有一天，朋友送狄德羅一件質地精良、做工精細的紅色袍子，狄德羅非常喜歡。但是，當他穿著這件華美的袍子在書房思考問題時，他總覺得家具破舊不堪，與身上這件華服極不相稱。於是，他叫來僕人，將書房的家具都換成了新的。

雖然家具和華服搭配上了，但是他很快又覺得牆上的掛毯、鐘錶等物件，也與他身上華麗的衣服格格不入。結果，整個書房的東西都被他一一換新。最後狄德羅發現，自己的行為與選擇竟然被一件袍子鎖定了。

這其實就是一種圓滿效應，也反映了普遍存在的一種心理現象。

當人擁有了一件新的物品後，他會為了和這件新物品搭配，不斷的配置更多新物品，以這種方式來獲得心理的圓滿。企業在做產品設計的時候，也要考慮圓滿效應，考慮產品之間的互補、協調、風格統一等問題。

2 路徑依賴，放長線釣大魚

「路徑依賴」在行銷學中也可以稱為鎖定效應。最早提出路徑依賴概念的是美國經濟學家道格拉斯．諾斯（Douglass North），正是因為他用路徑依賴理論成功的闡釋經濟制度的演進，才獲得了一九九三年的諾貝爾經濟學獎。

路徑依賴是指人類社會中，技術演進或制度變遷，均有類似於物理學中的慣性，即一旦進入某一路徑（無論是好還是壞），就可能對這種路徑產生依賴。

路徑依賴理論被總結出來之後，人們把它廣泛應用在選擇和習慣的各個方面。很多商家也善於利用消費者的路徑依賴心理，放長線釣大魚。

你對自己現在的職業感到滿意嗎？如果不滿意，你會換職業嗎？多數情況下，一個人即使對自己的職業不滿意，也不會輕易轉行。有人總結了兩個原因：第一，如果換職業，就會喪失原來的經驗、人脈、地位等多年打拚下來的資源，一切從頭開始；第二，當一個人習慣了某種工作狀態和職業環境時，就會產生一種依賴性。這其實就是一種路徑依賴，就像物理學中的慣性。

市面上有些印表機定價非常低，有的時候還會給予折扣，那麼他們怎麼賺錢呢？其實，廠商營利的關鍵是販賣後續的耗材，耗材即消耗品，需要經常更換。原裝墨水匣就是印表機的耗材，其價格從幾百元到千元不等，列印的東西越多，消耗得越快，列印量大的話，墨水匣消耗的速度是十分驚人的。廠商不靠販賣機器賺錢，卻可以利用低價販賣機器形成的路徑依賴——賣原裝墨水匣賺錢。

有的企業能夠不斷獲利，越做越大，而有的企業卻日漸式微，一個重要的原因就在於產品的鎖定效應。吉列（Gillette）刮鬍刀的成功推銷，很大程度上就利用了鎖定效應。

消費者可以在超市買到一種基本款的吉列刮鬍刀，包括一枚刀架、一枚刀片，總共一百五十元，這樣看來，商家幾乎沒有什麼利潤可賺。

然而，等到消費者需要更換刀片的時候，卻發現這種雙層刀片只有三枚一盒或五枚一盒裝的。其中，三枚一盒裝的售價竟是刮鬍刀的兩倍。可見，吉列刮鬍刀就利用了鎖定效應的行銷策略。吉列賺取的正是刀片這種耗材的利潤。

3 熱賣的產品都是鐵粉發明的

據小米公司創始人之一黎萬強回憶，小米論壇剛創立的時候，非常粗糙，後臺只有一個工程師，而且只是利用基礎的程式碼，簡單配置一下就上線了。小米論壇創立第一個月的時候，論壇的註冊用戶只有一百多個。

F碼是小米進行粉絲管理的一個微創新。為了讓「超級種子用戶」——也就是「鐵粉」——能夠在第一時間獲得產品及資訊，小米設計了F碼。F取自英文單字「friend」的第一個字母大寫，F碼也就是朋友邀請碼（Friend code）的意思。

小米為此還專門開發了後臺系統，超級種子使用者可以在這個系統裡領取F碼，再到小米的電商平臺上優先購買產品。也就是說，想要讓用戶的參與感有實際收穫，就一定要給予特權。守住基本盤，其他的東西自然紛至沓來。

《創業家》雜誌上有一則報導：某智慧硬體公司剛成立時，也模仿了小米初期的做法：

找論壇、篩選超級種子用戶。而因為他們的可穿戴設備比較新穎，在一個月內就擁有了幾千個初始用戶。他們透過逐層篩選，篩選出一千個比較認可產品的種子使用者，建立二級群體。接著，透過測試和樣本篩選，他們又精選出一百名超級種子用戶，並建立一級群體。

這一百個人就是鐵粉，也就是超級種子用戶。緊接著，該企業創始人開始組織這一百個鐵粉的線下聚會、線上討論，參與產品的設計、研發、回饋等，並且開始引導這些人將產品傳播出去，形成口碑輻射。

姑且不論這個創業項目的成敗，它至少證明了，增強用戶的參與感，是一種可行的行銷策略。

在日本，有一個大型女子偶像團體名叫 AKB48，成立於二〇〇五年十二月，總製作人名叫秋元康。該組合分為 Team A、Team K、Team B、Team 4 與 Team 8 五個團隊，整個 AKB48 有著兩百多人的龐大分隊和研究生隊伍。

初創時，AKB48 只是活躍在東京秋葉原的地下偶像團體。AKB48 的創新之處在於，它提出了「可以面對面的偶像」這一顛覆性概念，而且幾乎每天都在專用劇場公演。

在專用劇場裡，粉絲可以與偶像親密互動，甚至可以參與到該女團的營運中。粉絲也可以透過購買單曲 CD，獲得為自己喜愛的偶像投票的資格。

投票結果將與各成員未來一年的發展直接掛鉤，因此，粉絲團之間就展開了如火如荼的應援競賽。

之後，AKB48 幾乎拿遍了日本所有唱片和娛樂獎項，連續多年包攬日本全年單曲銷售總榜的前幾位。

黎萬強也認為，AKB48 總製作人秋元康是一位「非常偉大的產品經理」。因為當粉絲參與了偶像的養成與打造過程，就已經被鎖定了。而這種粉絲一般都會成為死忠鐵粉。

4 屢戰屢敗，根本不值得鼓勵

沉沒成本，是指已經發生的、但與當前決策無關的費用，也被稱作「協和謬誤」，這個說法來源於英法兩國聯合開發一款名叫協和飛機（Concorde）的事件。

當年，英國、法國政府在知道協和飛機沒有任何經濟利益可言的前提下，仍不斷的追加投資。這個項目後來被英國政府私下稱為商業災難。由於一些政治、法律上的原因，兩國政府最終都沒有脫身。

一、開始就要避免被鎖定

隨著網路直播的興起，我們總能聽到一些火山孝子，為了給某個平臺的主播打賞，而一擲千金的事件。事實上，這背後也有行銷手段在起作用。

傾家蕩產買股票或彩券不算稀奇，甚至有些人就算偷錢也要去買股票。這其實就是被沉沒成本鎖定了的原因。可以說「撈回賭本」的誘惑。往往會讓人變得喪心病狂。

其實，無論是買股票還是買彩券，我們必須為克服「人性的弱點」準備一套風險控制措施，預設輸贏的上限，不可因為貪圖贏取更多錢或想要討回損失，而超越這個上限。

屢敗屢戰的精神固然可嘉，但吃虧的往往是自己。逢賭必輸，上癮的賭徒常常幻想著自己能贏回來，最終卻一敗塗地。

二、天才少年也不例外

加拿大的天才少年維塔利克·布特林（Vitalik Buterin），是以太坊（按：公共區塊鏈平臺，Ethereum）的創始人，同時也是一名資深遊戲迷，他曾經沉迷於暴雪娛樂（Blizzard Entertainment）公司出品的網路遊戲《魔獸世界》（*World of Warcraft*）。術士是他最喜愛的魔獸職業，而「生命虹吸」是初始版本中術士的重要魔法技能。

但後來暴雪公司刪除了這個技能，技能突然的消失對維塔利克造成了巨大的打擊。他多次在論壇中發帖呼籲，甚至多次發郵件聯繫暴雪公司的工程師，要求恢復遊戲中的生命虹吸技能。

但《魔獸世界》的創作團隊態度很強硬，不同意恢復這一技能。維塔利克得到的回覆是：「出於遊戲整體平衡的考量，這個技能不能恢復。」維塔利克一氣之下就刪除了《魔獸世界》，並最終創立了以太坊。

網路遊戲是能讓人上癮的。維塔利克已經玩《魔獸世界》三年，退出《魔獸世界》對他來說簡直跟小孩斷奶一樣難受。在一次採訪中，維塔利克說退出《魔獸世界》那段時間，自己每天都在哭泣中入睡。他還用「悲痛欲絕」來形容自己當時的感受。其實，這種痛苦就和沉沒成本有關。

三、小賭並不怡情

一位女士染上了賭博的壞習慣，剛開始的時候只是小賭，賭注押得很小。但隨著她輸得越來越多，她就不斷的把賭注加碼，想把輸的錢贏回來。最後，小賭發展為豪賭，負債累累，以致賣掉了自己的首飾及其他值錢物品。其實，之所以會造成這種局面，有一個重要原因，就是這位女士抱有僥倖、貪婪的心理。

如果你相信小賭怡情，就請你同時牢記美國心理學家丹尼爾．康納曼和阿摩司．特沃斯基的箴言：「一個人如果不能平靜的面對自己的損失，就會參與到他原本不可能接受的賭博。」

對企業而言，沉沒成本謬誤常引導決策者，對錯誤的投資不斷加碼。他們認為，若不這麼做，過去投入的成本就會白白浪費。投資決策中也常常存在著類似的非理性行為。

「ＪＱＫ工程」這個詞語，經常出現在中國的媒體報導中。ＪＱＫ工程是指某些地方官僚，透過許諾優惠政策招商引資，大意是把投資者「勾進來，圈住，Ｋ一頓」。一些企業不明就裡，不斷追加投資，以致嚴重超出預算。

與之相對的是「釣魚工程」的無賴做法，往往以「低價工程為餌、沉沒成本為鉤、威脅手段為魚線」，讓地方政府不斷追加投資。

第 4 章

從熟悉到習慣，從習慣到依賴

廣告，應該是品牌形象的展示，而且每一次廣告，
都應該是上一次廣告的疊加。
——廣告教父／大衛・奧格威（David Ogilvy）

1 大腦喜歡這樣思考：擇熟，因為最省力

我們普遍認為，熟悉的人或事應該不會傷害我們，而不熟悉的人或事很可能會給我們造成不可估量的損失。因此，我們習慣選擇自己熟悉的人或事，來讓自己感到安全。

我們偏愛選擇熟悉的事物，也是因為大腦可以由此進入一種「省力模式」，進而騰出更多精力，讓我們關注其他新奇的事物。

我們對某些人或事有了熟悉的感覺後，進一步就會形成習慣，習慣是人類行為的自動駕駛系統。例如，當我們能夠真正學會騎自行車的時候，就可以一邊騎自行車，一邊和同行的朋友聊天。習慣形成後，大腦又會進入依賴模式。

習慣，是大腦藉以開始複雜舉動的途徑之一。

所謂成癮行為，就是一種額外的、超乎尋常的習慣。我們選擇熟悉的事物，大腦才能將多餘的注意力分配到其他事情上去。選擇熟悉，關注新奇，就是大腦的運作模式，我們

姑且稱為「擇熟原理」。

一、成癮是習慣的強化

為什麼許多應用程式會鼓勵「簽到」？為什麼微信、支付寶等公司會倒貼錢，鼓勵用戶使用它們的行動支付軟體？其實，讓使用者對其產品形成使用習慣，是許多企業行銷的核心目標。

像是《冰與火之歌：權力遊戲》（*Game of Thrones*）之類的電視劇，當觀眾熟悉了其中某個角色之後，便不希望電視劇完結，希望可以一直看到圍繞這個角色發生的事情。儘管後面的劇情有點「爛尾」，觀眾也會想要追完這部劇。

如今的電影也逐漸有了「電視劇化」的傾向，一些電影不斷推出續集，例如《超人》（*Superman*），只要推出新的續集，就會有粉絲前往影院觀看。

其實，這種影視作品，只要前幾部精彩，後面的劇情就算不太好看，觀眾也會一直跟下去。因為觀眾已經熟悉了劇中人物，觀看已經變成一種習慣。習慣一旦形成，進而就會演變成依賴。當用戶有了依賴感，平臺也就有了定價權。

二、味蕾認同是一種習慣的塑造

在我們選擇食物的時候，多半會選擇自己熟悉的。所以像是「媽媽的味道」、「故鄉的味道」會是我們的最愛。不是因為媽媽的廚藝有多棒，或者故鄉的飯菜有多好吃，而是因為這是一種被人工後天培養成的味蕾認同，或者說習慣，而這種味道承載著幼年的記憶。

一些奶粉生產商會賄賂婦產科的護理師，希望他們在餵新生兒第一口奶的時候能夠用自己公司的奶粉。因為不同品牌的奶粉配方是不同的，味道也有細微的差別。

很多初生的嬰兒就「認」第一口奶，且能記住這細微的差別。如果後期更換奶粉，嬰兒就會拒絕食用，甚至會出現腹瀉等症狀。

人的味蕾記憶是感性的，其強大性遠遠超出人們的想像。

可比可（Kopiko）是一個印尼糖果品牌，你可以在印尼的任何一個城鎮的小商店裡找到這個品牌。可比可想要推出一款喝起來味道像糖果的咖啡，於是生產廠商先為兒科醫生和婦產科醫生提供可比可咖啡，讓他們分發給產房的孕婦們。

孕婦和嬰兒喝了這款可比可咖啡後，都非常喜歡，有些人甚至有點上癮。也有媽媽說，當她們給哭鬧不止的嬰兒喝一小口可比可咖啡時，嬰兒就像被施了魔法一樣，立刻安靜了下來。

透過習慣養成策略，可比可生產廠商不僅使消費者認識了自己的品牌，還培養了消費者對自己品牌的依賴性。

三、從零歲開始進行習慣塑造

對胎教有研究的人都知道，嬰兒在胚胎期就會開始形成對某種音樂、氣味的偏好。研究發現，一些強烈的氣味，例如大蒜味，會透過母體的羊水傳輸給胎兒，使胎兒在母親的肚子裡就能「嘗到」這種氣味。

這是因為一切的氣味，都是以羊水為媒介傳輸到胎兒的鼻腔和口腔的。而羊水中又富含孕婦飲食中所包含的氣味。母親透過懷孕期的飲食和之後的哺乳向她們的孩子傳遞資訊，告訴孩子們什麼是好吃的和安全的食物。

一項實驗發現，孕期喝過胡蘿蔔汁的媽媽，孩子會更喜歡胡蘿蔔口味的麥片。如果一個孕婦在孕期的最後三個月吃了很多有咖哩味或榴槤味的食物，那麼她的孩子就會比其他孩子更喜歡有咖哩味或榴槤味的食物。

2 衣不如新，味不如舊

巴菲特有一個選股絕招，就是看這家上市公司的產品漲價後，購買量會不會減少。如果沒有減少，那說明消費者對這種產品是有依賴性的。

巴菲特為什麼會購買可口可樂、時思糖果的股票？一個重要的原因就是，它們都屬於塑造美國人味覺習慣的產品。

一、消費者購買行為受多種因素驅動

當羅伯特．郭思達（Roberto Goizueta）擔任可口可樂ＣＥＯ的時候，可口可樂已經墜入歷史的低谷。當時，百事可樂（Pepsi）幾乎要將可口可樂從最受美國人喜愛的可樂品牌寶座上推下去。那麼，郭思達又是如何力挽狂瀾的呢？

一九八〇年代，百事可樂透過一個測試，在電視上向可口可樂發難。這是個任何人都可以報名參加的口味測試：桌上有兩杯可樂，其中一杯是可口可樂，另一杯是百事可樂，參與者蒙上眼睛，透過口感來分辨哪杯是可口可樂，哪杯是百事可樂。

測試結果顯示，參與者在盲測的情況下，大多數都選擇了味道更甜的百事可樂。面對百事可樂的發難，其實可口可樂公司也派出自己的人參加了盲測。最後很多人都認定，百事可樂的味道確實更好點，因為百事可樂更甜——人們對於甜的誘惑總是無法抗拒。

一開始，可口可樂 CEO 郭思達也沒太在意百事可樂這次的挑釁。可是，自從這個電視測試廣告播出後，百事可樂的市場占比開始扶搖直上，幾個月後，其銷量和可口可樂的銷量幾乎持平。

郭思達再也坐不住了，認為可口可樂必須採取激進的措施「收復失地」。於是他開始醞釀，決定推出一款全新口味的可口可樂。這是面對百事可樂的競爭，可口可樂所做的一種本能反應。

郭思達原本是古巴可口可樂公司的食品化學工程師，因為古巴進行社會主義改造，設在那裡的可口可樂工廠被收歸國有。郭思達見形勢對自己不利，隨即去了美國。

當年的古巴人不知道，郭思達是當時掌握其中一半可口可樂的神祕調料「7X」配方的兩個人之一。這半張配方是郭思達的導師——一位食品化學博士傳給他的。

所以說，郭思達這個人比可口可樂的工廠值錢多了。以至於多年之後，郭思達忍不住吐槽：「就算你們把全世界的可口可樂工廠燒掉，只要可口可樂品牌授權合約和可口可樂的祕密還在，我就能迅速東山再起！」這裡所說的祕密，就是由兩個人各拿一半的可口可樂7X調料配方。

由於掌握著神祕配方，郭思達有機會進入可口可樂的核心管理層。當時可口可樂的大老闆是羅伯特．伍德拉夫（Robert Woodruff），他是可口可樂歷史上最有管理能力的總裁。正是由於他的提攜，郭思達才成了可口可樂公司的CEO。

郭思達的老本行是研究食品的口感、營養等，所以他完全有信心開發出一種能征服大眾味蕾的新型可口可樂。在郭思達的領導下，可口可樂開始祕密的研製新配方。

一九八五年，全新口味的可口可樂誕生了，經過大量測試後發現，與傳統的可口可樂和百事可樂相比，消費者更喜歡這一款新產品。但是新口味的可口可樂能承受住市場的考驗嗎？

二、強烈的抗議聲

市場上的反應超出了可口可樂公司的預料，先是新聞發布會上，記者們的質疑與責難，接下來一週的時間裡，每天一千多通電話占據了公司的八百條電話線，幾乎人人都在憤怒的指責可口可樂不應該改變原來的口味。

但是郭思達和公司的智囊團都堅信，抗議的聲音過一段時間就會消失。如此堅信，一方面是因為有嚴格的市場調查做依託，另一方面是因為這種推斷合乎常理。按照理性的分析，只要產品比以前好，消費者慢慢就會買單，過不了多久，消費者就會愛上新口味的可口可樂。

畢竟，生產什麼口味的產品，改不改變口味，都是公司的事，別人無權置喙。然而，從消費者對某種食物所抱持的感情方面來說，他們指責郭思達改變了可口可樂原來的味道也是可以理解的。

金庸曾決定把《鹿鼎記》中的主人公韋小寶的結局改得慘一點，但大多數讀者在感情上都無法接受，反對意見幾乎都是批評金庸「改變了共同回憶」。

經典口味的可口可樂已經上市近百年了，是公眾的「集體記憶」。如我們所知，郭思達並沒有獲得他期待的結果，抗議的聲浪越來越高。

在接下來的兩個多月裡，每天至少有五千通投訴電話打進公司。人們甚至將郭思達改變可口可樂口味這件事，提升高度到對美國文化和民眾的背叛！

在接下來的一段時間，可口可樂公司又收到幾十萬的抗議信件和電話。新口味的可口可樂並沒有獲得民眾認同，越來越多人反而開始懷念舊口味的可口可樂。

一位消費者在抗議信中寫道：「我不吸菸、不喝酒，唯一的愛好就是喝點可口可樂，現在，你們竟然把這點樂趣也給我剝奪了！」另一位消費者也在信中寫道：「郭思達是誰？從哪裡冒出來的？聽名字就知道不是道地的美國人……老可口可樂，無可替代！」

這一切其實並沒有真正觸動郭思達，真正觸動郭思達的是：某次，郭思達去一個國家開會，吃飯的時候，高檔餐廳的服務員讓郭思達點菜。點菜後，服務員承諾給他帶來「一樣特別的東西」，聽上去像是佳釀葡萄酒。沒多久，服務員拿來了一瓶老口味的可口可樂。就在那一刻，郭思達意識到人們對老口味可口可樂的喜愛程度之深。

透過這件事，郭思達終於了解到，消費者並不是絕對理性的「經濟人」，在「更好」和「更經典」之間，有時候他們偏愛的是後者。

於是，郭思達順水推舟，宣稱自己已經聽到了消費者的呼籲，重新投入生產老配方的可口可樂，並重新命名為「經典可樂」。

三、衣不如新，味不如舊

美國《商業周刊》（*Businessweek*）把郭思達的這次失敗評為「近十年最大的行銷錯誤」。《紐約時報》（*The New York Times*）甚至把這次失敗稱為美國商界一百年來最重大的失誤之一。

很多商學院經常會拿這個案例當反面教材，告誡食品生產企業不能輕易改變產品配方。

一位食品行業資深顧問這樣回憶道：「這就像一場地震，我們現在還能感受到餘震。」但現在來看，郭思達的這次冒險之舉，可謂歪打正著。在可口可樂公司成立九十九週年之際，郭思達選擇改良配方，生產了新口味的可口可樂，走了一步險棋。

郭思達當然知道可口可樂有很大一部分忠實粉絲，但無法衡量他們究竟對可口可樂有多迷戀。而這次的嘗試，也算是真正驗證了粉絲們對可口可樂的喜愛程度。

可口可樂的一位高階主管總結：「我們完全低估了公眾與可口可樂之間的情感聯繫，這個品牌是美國文化的一部分，而我們突然之間把它拿走了。」

據說一個電視臺的記者每天下午三點，都會準時喝一瓶可口可樂，這是多年養成的生活習慣。有時甚至會刻意不吃早餐和午餐，以便空出肚子多喝點可口可樂。他一聽說可口可樂要改變口味，馬上跑到最近的超市，一口氣買了一百一十瓶老口味的可口可樂。而另一位消費者則向可口可樂公司抱怨：「你們帶走了我的童年。」

一個名為「美國舊可樂飲用者」的團體向可口可樂公司提起訴訟，並將一箱箱新口味的可口可樂倒入下水道。許多消費者開始囤積老口味的可口可樂，因為在商店裡已經難以買到了。

當郭思達順水推舟，讓經典口味的可口可樂回歸之後，可口可樂銷量猛增，遠超以前的銷售水準，顧客忠誠度也由此得到加強。

經典口味可口可樂的復出，給人們帶來了失而復得的欣喜。消息發布當天，可口可樂公司收到了一萬八千多通感謝電話，感謝信讀起來宛若情書。一位消費者說：「我覺得就像迷路的朋友回家了一樣。」第二年，也就是可口可樂公司成立一百週年之際，可口可樂的市場占有率一舉超越百事可樂。

在郭思達擔任可口可樂公司CEO的十六年間，可口可樂公司的市值從四十三億美元上升到一千四百五十億美元。一大批可口可樂的投資者成了千萬富翁，甚至是億萬富翁。

因此，郭思達也被稱為可口可樂公司歷史上最偉大的CEO。正是可口可樂公司的這次決策失誤，奠定了可口可樂無可替代的地位。郭思達不經意間向全世界證明了，可口可樂是美國文化（生活習慣）的一部分。

3 在你發了七次廣告後，人們才會注意到

消費者會賦予熟悉的品牌更多的選擇權重，因為他們不必再費力做背景調查，潛意識會走捷徑，認為一個品牌能長久存在一定有它的道理。因此，如何管理好自己品牌的「存在感」是經營者的一門必修課。

一、「面熟效應」

我們僅與某個人見過幾次面，但也能與其建立某種比較好的關係。比方說，一開始我們對某人無好感也無惡感，但時間長了，由於這個人不會傷害或侵犯我們，我們可能就會對這個人產生好感。

這正應了一句老話：一回生，二回熟，三回、四回是朋友。而在心理學上叫做「單純曝光效應」（Mere Exposure Effect）。

心理學家認為，曝光效應的產生，是因為某個重複曝光的刺激並沒有產生不好的影響，於是這種刺激，最終就會成為一個安全信號。

通俗的講，曝光效應也可稱為「多見效應」或「面熟效應」，這個心理效應的關鍵在於一個「多」字——量比質更重要。

有位日本行銷專家認為，維護客戶關係大有學問，見面時間長不如見面次數多，每月十分鐘的簡單拜訪要勝過每年打一次高爾夫球。可以說，簡單的露臉，持續的曝光，就能獲得人氣，這就是面熟效應。

我們是否有過這樣的經歷：起初很不喜歡某部電視連續劇的主題曲或片尾曲，但聽了幾次之後，覺得這首歌還是挺有旋律的，蠻好聽的。再聽幾次後，我們發現自己已經喜歡上了這首歌，且在腦海中揮之不去。

羅伯特．扎榮茨（Robert Zajonc）是史丹佛大學的社會心理學博士。羅伯特透過實驗證明，人們越常看到同一個刺激因素，就會越喜歡它。羅伯特在一九六八年進行了一次實驗，他準備了十二張某大學畢業生的照片，然後隨便抽出幾個人的照片，並讓參加測試的學生看這些照片。

開始實驗時，羅伯特對這些參加測試的學生說：「這是一個關於視覺記憶的實驗，目的是測試你們對自己所看的照片，能夠記憶到何種程度。」

其實，實驗的真正目的在於，了解觀看照片的次數與好感度的關係。觀看照片的次數分別為零次、一次、兩次、五次、十次、二十五次等六個條件，按條件分別觀看兩張照片，且隨機抽樣，總計八十六次。

實驗結果表明，受試者對照片上人物的好感度與照片觀看次數成正比。也就是說，當觀看照片的次數增加時，不管照片的內容如何，人們的好感度都會明顯增加。這也清楚的證明了曝光效應的客觀存在。

羅伯特後來又做了一個類似的實驗：虛構了三個單字，分別是abcdice、ganghood、bokebang。其實，這三個單字並不存在。然後，他開始重複說這些單字，讓受試者猜測這三個字在突厥語中表示的是好事還是壞事。

實驗結果是，三個單字中被重複次數越多的，受試者就越認為它代表積極、正面的事物。其實，這些單字都是憑空捏造的，無論是在突厥語還是英語中，都只是一些毫無意義的音節。

後來，羅伯特又向這些對漢語一竅不通的受試者展示了一些漢字，結果發現，他們認定這些漢字所代表的含義是否正面，也完全取決於他們看到這些漢字的次數。

人們喜歡賦予熟悉的事物——人、口味、話題等，更多的好感。因為熟悉的事物能使人產生安全感、可控感。這個發現應用甚廣，可用於政治選舉、廣告行銷、音樂推廣等各個領域。

二、讓人覺得面熟很重要

面熟效應，可能會使我們聯想到「潛意識廣告」。所謂潛意識廣告，就是利用消費者的潛意識知覺進行廣告刺激，為推廣產品的一種手段。例如，食品廣告商在播放電影膠片時會插入食品圖片，一秒五十幀的影片，廣告商會在中間插入一幀的食品畫面。

因為速度太快，有時候人們根本看不清畫面，但潛意識中會對這種食品有印象。這其實也算是成功的將商品資訊傳入了人們的大腦中。

潛意識廣告只是一種噱頭，並不能影響顧客的購買欲。很多行銷策劃人會將新產品暢銷的功勞據為己有，說新產品賣得好，是因為自己的廣告創意好。

然而，有個企業家不相信這些，於是親自設計了一支非常普通的廣告，該廣告在電視上投放了一段時間後，居然獲得了不錯的行銷效果。這個企業家就是史玉柱，「收禮只收腦白金」（按：腦白金，中國國內知名度、品牌價值最高的保健品品牌）、「腦白金送禮檔次高」的廣告語就是他親自設計的。

史玉柱還說過一句話，大意如此：「**所謂品牌塑造，無非就是重複，不斷的重複。**」這其實就是面熟效應在行銷中的一個旁證。

「在你發了七次廣告之後，人們才會注意到。」你聽說過這句話嗎？它很可能改編自一句在行銷中經常使用的類似表達：「要完成一項交易，平均需要打七通電話。」

「重複」是廣告行銷中的一個關鍵點。行銷者透過廣告，重複播放商品的資訊，可以讓那些不關注該商品的人看到它，而且每重複一次，被看到的機率就會增大一點。

廣告每重複一遍，廣告的受眾就會自然而然的對商品和公司更加熟悉。除非他們有特別的理由，否則他們的心裡就會慢慢接受這件商品。

隨著人們對這件商品的接受感增強，一種密切的關係就會逐漸建立並發展起來。消費者和商品之間，必須基於某種「舒適感」才建立關係。

因為有了舒適感，消費者就會產生更強烈的信任感，從而也就願意購買這件商品了。

所有廣告都是為了在消費者的態度和知覺中創造出差異。透過不斷重複廣告，這些**細小的差異就能夠積累形成巨大的動力**，足以使消費者做決策的天平，朝向為銷售產品做出廣告的品牌商。

但是，重複會不會帶來不利後果呢？有可能。研究顯示，重複的廣告行銷手段僅在最佳範圍內有效，超出這個範圍，就會導致消費者的厭棄。

4 面熟效應，關鍵在曝光率

「今年過節不收禮，收禮只收腦白金。」諸如此類的乏味廣告，會遭人厭煩也在意料之內，但其產品的銷售狀況一直不錯。這其中主要是因為它充分運用了重複的巨大魔力，使消費者由皺眉到默認，到記住，到不反感。

有位朋友曾說：「儘管部分廣告格調不高，卻也基本無害，能讓消費者記住也是一種本事。」我對某保健食品廣告的誇大性宣傳也是心知肚明，但是親戚生病了，送禮的時候還是會不自覺就想起它。

在企業草創時期，行銷者能讓消費者記住企業的產品才是硬道理，而重複就是力量。消費者記住了該產品，也就能產生購買的衝動，那麼銷售額就會提高。然而，庸俗的廣告是雙面刃，雖然短期內有利於銷售，但從長遠來看，只會建立消極的品牌形象。

生物免疫系統會排斥異物的入侵，人類心理上也會本能的對陌生的東西產生戒備。接受熟悉、懷疑陌生，這是人類面對不確定性時的本能反應。

人們不太可能一開始就對陌生的事物產生好感。我們喜歡與熟悉的人談論熟悉的事情，這是人的本性。因為人們對於新生事物總是抱著戒備和敵視心態，所以聰明的企業家都明白「量變到質變」的道理。

面熟效應與創新精神是一對矛盾體。人類的懷舊心理會形成一股扼殺原創性的力量，因此建立品牌之初，讓人感到面熟至關重要。

消費者記憶的形成，需要經歷一個相當長的時期——從陌生到熟悉，從熟悉到認可。不幸的是，一些企業家認為自己的產品、品牌熬不過這段過渡期。他們對自己產生了懷疑，信念動搖了，或者資金用光了。這是相當令人惋惜的事情。

藝術家們最明白面熟的重要性——曝光率是贏得認可的一個重要指標，宣傳活動是創作活動的延伸。

一位資深經紀人曾告訴我，所謂明星，關鍵在於曝光。大牌明星不會輕易接戲，但會時不時的給自己製造點緋聞，或免費客串個角色。這其實就是保持人氣的一種手段。

有些明星，你記不住他有什麼代表作，但依然稱其為明星。例如香港演員「大傻」——成奎安（一九五五—二〇〇九），一生演過兩百多部電影的配角。雖然演的都是惡形惡相的人，但很多觀眾因為對他太熟悉而喜歡他。

由於成奎安不挑戲，曝光率夠高，所以人氣不亞於一線明星。在他的演藝高峰時期，他買的豪車可以組成一個車隊。

對於那些經紀公司不肯花大錢推廣的小明星來說，堅持多露臉，是成功的重要途徑之一。因為超高的曝光率會產生面熟效應，不斷為其積累人氣，直至量變引起質變。

人們對商品廣告的態度也是如此。某則電視廣告很粗陋，人們一開始很鄙視，但經過一段時間後，人們會慢慢接受並認可它。當然，我們也應該記住，過猶不及，儘管宣傳是行銷工作的一部分，但過度宣傳，引起反感就不好了。

5 可口可樂廣告居然有三十五條戒律

人有一種本能，會自動抵制外界的多餘資訊。而廣告的目的，就是要穿透人類的資訊保護殼，直指消費者的靈魂深處。所以，行銷者不能太貪，一則廣告只能傳達一個資訊。就一則廣告來說，我們想以此傳達的信息量越多，收到的效果反而越差。這就類似於物理學上的「受力面積」，針尖越細，越能刺破阻礙。

廣告教父大衛·奧格威說：「廣告，應該是品牌形象的展示，而且每一次廣告，都應該是上一次廣告的疊加。」廣告不能輕易更改，一旦改變，以前的形象宣傳積累就沒有任何用處了。廣告的成功之處就在於專注，鍥而不捨、堅持不懈。

在相當長的一段時間內，加多寶（涼茶品牌）公司的廣告有一個內部審查標準，即是否會與「怕上火」這個口號有衝突。

「在過去十八年間，加多寶只專注於做涼茶。在功能飲料方面，我們只有一個產品，只有一個品牌，就是正宗紅罐涼茶，而且我們只向消費者傳遞一個資訊——正宗的清涼退火功能飲料。」加多寶公司的相關負責人這樣說道。

從二〇〇三年在中央電視臺投放涼茶廣告到現在，加多寶在廣告創意上沒有太大變化，永遠是涼茶怕上火的經典口號。加多寶公司甚至要求將每一個廣告片都交由與加多寶合作了多年的一位香港導演拍攝，這樣做只為一以貫之的體現出其涼茶的品牌形象。

可口可樂也非常注重廣告的標準化呈現。在羅伯特·伍德拉夫掌舵可口可樂期間，達西廣告公司（D'Arcy Advertising Agency）幾乎成了可口可樂公司的一個拓展部門，為防止在管理上出現難以梳理的問題，一份備忘錄在達西員工之間傳閱開來。該備忘錄詳細列出了多達三十五條的可口可樂廣告戒律。例如：

1. 禁止將「Coca-Cola」商標分寫成兩行。
2. 「註冊商標」四個字必須標在第一個大寫字母「C」的尾部，即使不易辨認。
3. 圓形商標上應該標注：可口！清爽！
4. 廣告中如果出現女孩子，那麼這個女孩一般應為黑髮深膚，而不是金髮白膚。
5. 青春少女或年輕婦人應該是健康的類型，不帶世故的神情。
6. 禁止把可口可樂擬人化。

這些戒律也許過於刻板，但它們的確確保了可口可樂的品牌形象的統一化。

第 5 章

這是一眼定生死的時代

推銷滅火器的時候，先從放一把火開始。
——廣告教父／大衛．奧格威

1 為買而買的執念，早已存在基因裡

廣告，簡單來說就是廣而告之。考古學家曾在龐貝古城遺址內，發現了商業性質和政治競選性質的廣告。從古至今，廣告的第一要務是獲取注意力，扣動觸發注意力的扳機。

我們在遊戲裡跑來跑去，大殺四方，在背景音樂和血腥畫面的刺激下，獲得快感。這種快感可能源自人類基因中的古老記憶。

遠古時期，我們的祖先是靠搜尋、襲擊、圍捕來獲取食物，在一些尚未開化的原始部落，依然能夠見到這種捕獵法。

在非洲有些部落的人是這樣捕捉羚羊的：他們先把高大的公羚羊引開，讓牠脫離大部隊。接著，一名狩獵者開始慢慢追擊這隻落單的公羚羊。

公羚羊有兩個致命弱點：第一個弱點是公羚羊頭部長有笨重的羚羊角，無法像母羚羊一樣迅捷的奔跑；第二個弱點是公羚羊全身覆蓋著厚厚的毛，這使得牠的皮膚散熱很慢，所以無法長距離快速奔跑，否則會熱暈。

因此，當公羚羊停下來喘氣時，狩獵者就可以藉機靠近。但狩獵者並不急於獵捕，而是刺激牠繼續奔跑。就這樣，公羚羊在與狩獵者的賽跑過程中，最終因自身的弱點而耗盡力氣，癱倒在地上。而狩獵者就可以憑藉智慧和耐力，將公羚羊捉到手。

在人類漫長的進化史中，「耐力型狩獵」是一種重要的生存策略。經過漫長的演化，一種行為模式已經融入我們的基因中，那就是「為追逐而追逐」。這種行為模式有助於解釋現代人「為購買而購買」的索求無度心理。

資訊時代，我們依然受這種為追逐而追逐的本能驅使。我們在社交媒體上漫無目的的滑手機，也與這種本能有關。原始部落的狩獵者追逐羚羊時，內心的執念催促他不斷向前；現代人對資源、資訊的追逐執念也與之相似。

我們熬夜追劇，除了有圓滿效應在作祟，基因中那種為追逐而追逐的執念也在起作用。最新的腦成像技術表明，如果消費者能以比較實惠的價格，購買到一件垂涎已久的時尚單品時，他們在精神上就會有一種陶醉感。這種陶醉感和中彩券時的感覺一樣。

當我們探討某個人的消費經歷，陶醉感也可以用來形容他當時的感覺。淘寶，作為一個網路交易平臺，其名字本身是非常洞察人性的。

一項研究表明，當消費者搜尋到一件心儀的特價商品時，其大腦的額葉區域會出現一陣高頻率的β波。此時消費者的心率會突然加快，可以從每分鐘七十下迅速提升至每分鐘一百二十下，其皮膚電導率也會提高，這表示他當時的交感神經變得更加興奮了。

這種「興奮」其實在原始時代，人類還是狩獵者時，就蘊含在我們的血液中，伴隨著捕獵或戰鬥行為出現。

2 兩秒鐘，定生死

正如我們的祖先在蠻荒時代需要快速搜尋獵物、鎖定目標一樣，現代的消費者從琳瑯滿目的貨架上挑選商品到購買商品，其速度也是非常快的。有時候只需要兩秒鐘，消費者就知道自己是否需要購買這件商品。

這是一個只有「兩秒鐘」的世界，一秒鐘讓別人看到你，另一秒鐘讓別人喜歡你。相較於讓人喜歡你，讓人注意到你是更為殘酷的競爭。所以，你必須傾盡全力，才能讓別人注意到你。販賣商品，道理亦是如此。

行為學家透過一系列實驗證明，極短曝光時間帶來的視覺吸引力評分，高於較長曝光時間帶來的視覺吸引力評分。換句話說就是，瞬間定生死。

人類已經進入了一個被螢幕主宰的世界，電影院是巨幕、電視機是大幕、電腦是中幕、手機是小幕、智慧手錶是微幕……我們正淹沒在螢幕提供的資訊洪流裡。

在網路上，每一秒都有成千上萬種影像向我們傳來。目前銷售的戰場已經轉移到螢幕上，方寸之間。多幕時代，我們對「第一印象」的依賴沒有減弱，反而加強了。我們往往在看清楚事物之前，就知道自己喜歡什麼。

在一個「秒懂」、「秒殺」大行其道的時代，行銷者之間對消費者瞬間意識的爭奪，才是真正的終極對決。現在的行銷者只有兩秒鐘的時間去打動客戶，所以要做到先聲奪人，奪目攻心！

在所有產品裡，價值最容易被低估的就是「注意力」。注意力也是一種商品，將注意力轉化為購買動機，才是行銷者追求的真理。行銷就其本質而言，就是一種注意力煉金術，注意力是商家煉金的重要原料。

儘管注意力這種資源價值堪比黃金，卻沒有人可以澈底壟斷。自媒體、商家們各逞其能，使出各種新的手段，利用人們本能的衝動、直覺、非理性來獲取注意力，扣動觸發注意力的扳機。

例如，人們在淘寶上開店雖然不會花費太多錢，但必須在淘寶上購買注意力，才能有客流量。商家購買淘寶首頁的廣告位置，就能實現導流。

各大網路平臺能夠透過分流、限流手段量化分配，進而控制消費者的注意力。

我們可以回憶一下，每一天我們的注意力都投向了哪裡？大部分人的注意力都被螢幕吸走了，更具體的說，是被手機吸走了。某大學前幾年進行的一項研究表明，人們每天平均要看三十四次手機，而業內人士給出的資料則更高，將近一百五十次。

另一項調查顯示，約八〇%的人會在醒來後的十五分鐘內翻看手機。更離譜的是，大約三三%的美國人聲稱，他們寧可放棄性生活，也不願丟下自己的手機。螢幕正在改變人們的生活和行為方式，所以唯獨商家找到新的對應行銷方法，才能在這個時代存活。

3 用圖片開場，最有說服力

最有影響力的戒菸廣告，不是文字說明，而是肺癌患者肺部的解剖圖片。一組具有視覺衝擊力的對比圖，勝過千言萬語。圖片比文字能更快的啟動人的本能。最常見的例子是減肥和整容的廣告，透過減肥、整容的前後照片對比，可達到驚人的說服效果。

Tinder是一款陌生人約會軟體，它的運行機制很簡單：使用者先透過手機號碼登錄，然後軟體基於使用者的地理位置，推薦約會人選。

當一個新的約會者被推薦時，其照片和簡短的個人描述便會占滿手機的整個螢幕。

Tinder的成功之處在於簡單的操作方式：當一個人選出現後，使用者可以在螢幕上向左滑，表示不感興趣，或者向右滑，表示感興趣。如果螢幕前的雙方都向右滑，那麼就配對成功，雙方可以進入聊天模式。

Tinder鼓勵人們用很短的時間透過顏值、品味等因素，快速的對他人做出評價。而傳統的相親交友速配活動可能會花掉參與者五分鐘，甚至更長的時間互相了解。

正是因為這種快速、方便的社交功能，Tinder 才能在各種社交軟體的夾縫中存活。除此之外，它也是一個迎合了我們的第一印象而設計的 App。既然我們能在極短的時間內對對方做出判斷，又何必花更多的時間去了解對方的愛好、想法和背景呢？只要滑就好了。

消費者善於利用視覺做決策，所以，行銷者需要提供更多的商品圖片，例如在展示全景圖時，行銷者可以考慮使用效果對比圖，呈現出客戶在使用產品前後的不同生活狀態。

我們應該知道，在這個資訊超載的時代，沒有人願意花費精力去讀完一大篇文字的介紹。資訊的超載，必然導致注意力渙散。所以，我們應當盡量精簡文字內容。

當賈伯斯還是個孩子的時候，他在電話簿中找到惠普（Hewlett-Packard Company，簡稱ＨＰ）老闆的電話，並直接打過去，對方接到電話後還願意跟這個素未謀面的年輕人聊上幾句，但這種注意力過剩的時代永遠不會再出現了。

人類對圖片、圖像的記憶力，遠比語言和文字深刻得多。像是在車站你遇到了一個久違的熟人，你可能記不起他的名字了，但他的面孔你一定記得。研究也證明，行銷者在廣告中使用圖片作為「開場白」，通常可以獲得更為強烈的宣傳效果。

4 人類視覺的左上角偏見

人的視覺是帶有偏見的。在同一臺手機或電腦螢幕上，既有熱點區域，也有冰點區域，我們常常會被熱點區域吸引而忽略冰點區域。

同樣的道理，任何一家商店裡，店主總會在消費者視線最集中的區域，放置最能帶來利潤的商品。例如，在與小孩的視線平齊的位置擺放玩具。這樣小孩走到商店裡，一眼就能看到自己喜愛的玩具，拿著不放手，這時父母就可能會購買這個玩具。這充分利用了視覺熱點效應行銷方法。

利用人類的視覺偏見，行銷者可以合理安排資訊呈現的方式。螢幕的中間或左上角位置，常常被稱為視覺熱點區域，是名副其實的「黃金位置」。在這個位置上呈現的資訊或商品，總是能更快的吸引受眾的注意力。

而視覺冰點區域通常位於螢幕的邊緣區域，沒有哪個賣家希望把高利潤的商品放在視覺冰點區域。那樣的話，商品被選中的可能性就會很低。

下面闡述一個著名的實驗：研究人員邀請了四十一位加州理工學院的學生，讓他們觀看電腦的購物網頁上不同的零食圖片，來選擇和決定自己對各種零食的喜愛程度，然後這些學生又被要求在線下做一次實際選擇。研究人員會向學生出示一些和電腦螢幕上一樣的照片，並要求他們在實驗的最後選出最想吃的零食。當這些學生在螢幕上尋找他們最喜歡的零食時，研究人員則在觀察他們的眼球，監測他們的目光焦點。

很快，研究人員總結出了一個視覺模式，那就是人們的眼球第一次聚焦之處，或者說長時間關注的選項，通常是在螢幕的特定區域內，即視覺熱點區域。那麼視覺熱點區域在哪裡呢？其實這往往取決於螢幕上選項的數量。

如果螢幕上只有四種零食，且呈四宮格排列，受測者們的眼睛很可能會先看向左上角，而且目光在此停留的時間也更長。人的這種視覺模式，被稱為「左上角偏見」。在下頁圖 5-1 的四宮格中，左上角為第一注視點。

當然這也不是絕對，它可能會在習慣從右向左閱讀的人身上發生改變。這說明，所謂左上角偏見也可能是一種受風俗文化，和成長環境影響所形成的下意識行為。

然而，當商品呈九宮格排列時，學生們同時面對九個選項，他們的目光九九％會落到中心區域。在第一一一頁圖 5-2 的九宮格中，正中間是第一注視點。

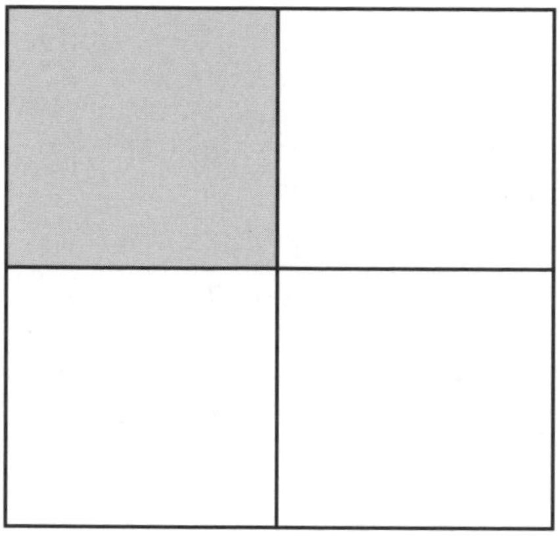

圖 5-1　四宮格的第一注視點

如果有十六個選項，呈十六宮格排列，學生們的第一注視點九七％會落在中間四格內。無論是九宮格還是十六宮格形式的呈現，人們總是會先看中間區域，這種視覺模式被稱為「中區偏見」。在左頁圖 5-3 的十六宮格中，中間四格是第一注視點。

這些第一注視點都會對人們的目光產生影響，人們最初關注的位置會在人們掃視一圈之後仍然最受歡迎。這也就是說，人的行為不僅會被引導，還會被進一步強化。

目光聚焦的位置對於人們的選擇有著深遠的影響，由此就產生了「展示誘導決策」的偏差。由於研究人員保留了學生們對零食偏好的紀錄，知道他們真正想吃的零食是什麼，因此就可以得出螢幕位置是如何影響學生們的最終選擇了。

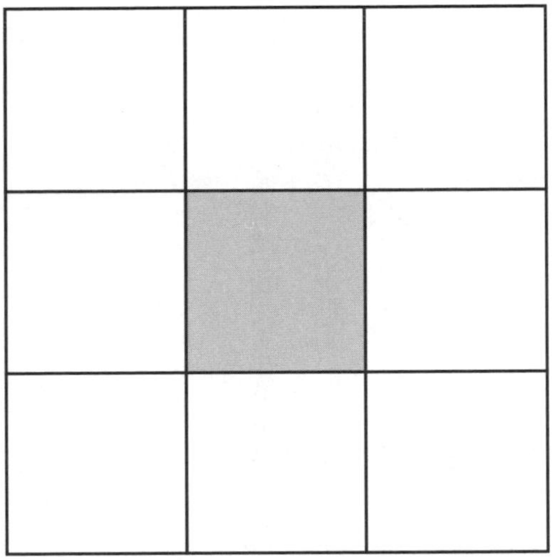

圖 5-2　九宮格的第一注視點

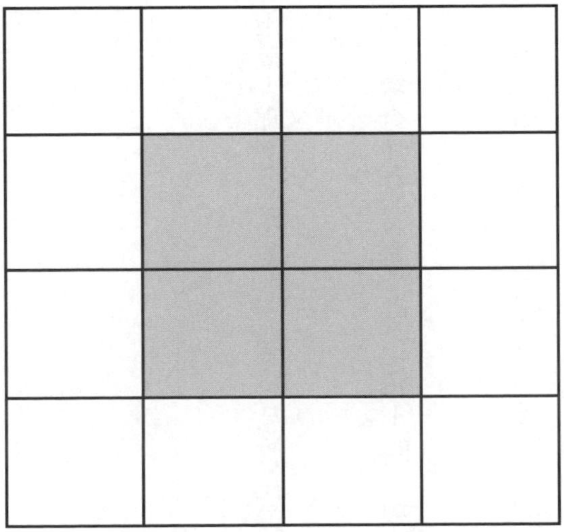

圖 5-3　十六宮格的第一注視點

5 誰說人是理性的，視覺變化正操弄你的選擇

假如一家網路商店非常希望增加某樣商品的銷量，那麼只需要把這個商品放在螢幕上更容易獲取第一注視點的位置即可，比如螢幕的中心。

緊接上一節的實驗，當研究人員把較不受歡迎的零食放到螢幕中間位置上時，學生只有三〇%的可能會搜尋到自己最愛的零食。

然而，如果把大多數學生偏愛的零食放到螢幕中間位置時，學生有九〇%的可能會選擇這種零食。

這表明，就算商品確實是顧客喜歡的，「酒香也怕巷子深」，大部分人不願花費精力去尋找。這就要求行銷者最好把商品放在容易找到的位置。當商品恰好是顧客想要的，而

且被擺放在易被發現的位置時，就能極大提升其銷量。

實驗還沒完，接下來研究人員再一次邀請學生在不同的零食中做出選擇。在完成了前面的零食偏好的小測試之後，研究人員要求學生們把不同的零食按照從一到十五的順序排序，並採取兩種方式視覺呈現這些零食：

第一種方式是，選擇性的調亮某一零食包裝圖片顯示的亮度，或者調暗其他的零食包裝圖片的亮度。

第二種方式是，改變圖片的顯示時長，使顯示時長在七十到五百秒的區間波動。

結果顯示，零食包裝圖片的亮度和顯示時長會影響學生的選擇，而且，當學生本身對別的某種零食沒有極其強烈的偏好時，這種影響更甚。

也就是說，如果你本來只是比較喜歡吃品客的洋芋片，但包裝或者圖片亮度不夠吸引你的話，你可能會轉而選擇樂事的洋芋片。

這一研究最驚人的發現是：「視覺顯著性的變化，通常會讓人們做出違背自己偏好的選擇。」

後來的實驗讓學生在選擇食物的同時，完成簡單的計算題，目的在於模擬現實生活中邊工作、邊選購的場景，而這種視覺顯著性變化，會更明顯影響人的選擇。

這就意味著，如果我們一邊在網路上購物，一邊與人閒聊或者回覆手機上的訊息，就更容易被視覺偏見牽著鼻子走。這個調查結果令人震撼。

我們自以為有選擇自由，以為自己挑選的零食是自己最想吃的。但我們可能不知道，有時候我們的選擇不過是一種可被操控的選擇。

傳統零售業很早就知道透過陳列、燈光等手段來實現視覺偏見，引導消費者的選擇。例如超市會根據品牌上架費的多少，決定其商品擺放位置的優劣。

數位化時代，視覺偏見起到的作用更大，比在傳統零售時代更能左右我們的選擇。正如超市中間貨架上的商品更受青睞，螢幕中間的選項也在很大程度上會成為我們的選擇。很多人之所以會選擇他們不那麼喜愛的零食，很可能只是因為這些零食剛好處在螢幕的中間位置。

二〇一三年，哈佛醫學院的教授給二十三名放射科醫師，一系列真實病例的X光片，讓他們從中尋找標誌肺癌早期的肺結節。但教授沒有告訴這些醫師，他在其中一張X光片的右上角偷偷插入了一張猩猩的圖片。

儘管這個圖片的面積比要尋找的肺結節大幾十倍，但是只有一七%的放射科醫師留意到它。大部分醫師都沒有看到猩猩圖案，而且他們掃視這一部分圖像的時間平均只有兩百五十毫秒。

這其實就是中區偏見在起作用。中區偏見影響著所有和視覺緊密相關的行為，也影響著我們的選擇，讓我們更可能挑選視線中心的選項。

各種商品在進入超市、賣場的時候都要交入場費，根據入場費的多少，超市、賣場會決定商品擺放位置的優劣。好地段的商品當然更容易被消費者發現，所以各品牌商總是不惜代價，要讓自己的商品擺在超市的貨架中間，消費者更喜歡挑選貨架中間的商品，這是一直都存在的事實。

儘管中區偏見的存在不算是新鮮事，但有證據表明，這一偏見在多屏時代變得日益顯著。人們在用手機、平板電腦看東西時，中區偏見現象更為嚴重。

我們在螢幕上關注的內容所處的位置，會影響到我們的注意力及之後做出的選擇，這也是網路心理學的一個關鍵問題。

在依賴視覺呈現的數位世界裡，視覺熱點區域對人的影響非常大。

從字體大小到配色，無數變數都在影響著人們的注意力。然而，在這個時代，螢幕的黃金位置才是最能夠影響人們注意力的要素。

第 6 章

觸發顧客購買的扳機，你掌握了幾個？

顧客不是想買一個 1/4 英寸的鑽孔機，
而是需要一個 1/4 英寸的洞。
——美國經濟學家／西奧多・萊維特（Theodore Levitt）

1

找到情緒的觸發點，勝率七成

據說大衛．奧格威最欣賞的廣告是治療掉髮的綿羊油廣告：「你見過不長毛的羊嗎？」驅使我們行動的七〇％是因為情緒，三〇％是邏輯判斷。而人的情緒又是充滿微妙變化的。行銷是一種心理戰，要理解顧客的情緒、情感、夢想，重點是要找到顧客的觸發點。

雌火雞是公認的好母親，慈愛而又警覺。雞貂，是一種有點像黃鼠狼的動物，火雞的天敵。當實驗人員把雞貂的模型放在雌火雞的窩邊時，雌火雞便會對著雞貂的模型發起猛烈的攻擊。

每當這個時候，未成年火雞就會因為害怕而發出「噗噗」的叫聲。研究人員把這種叫聲錄下來，並把播放這種聲音的答錄機藏在雞貂模型裡。

當研究人員把發出噗噗聲的雞貂模型放進雌火雞的窩裡時，雌火雞卻對這個天敵模型呵護備至。因為牠認為雞貂模型也是自己的孩子。但當錄音帶裡的噗噗聲播放完畢，雌火雞又開始對模型發起攻擊。

顯然，雌火雞母性本能的觸發點是小火雞發出的噗噗聲，而不是牠們的氣味、皮毛或形狀。所以說，找到了情緒觸發點，也就找到了問題的關鍵點。

人類也存在本能的觸發點。人有七種主要情緒：喜、怒、哀、懼、愛、惡、欲。每一種情緒都有自己的「按鈕」。有的妻子和丈夫生氣後，會去商場血拼一下，這就是一種透過消費發洩情緒的方式：你不愛我，我就自己愛自己！

一個年輕人剛開始工作幾年，賺了一些錢，於是他就買了一輛二手的豐田（Toyota）汽車，這就是「我經濟獨立了」的一種情緒表達。過了幾年之後，年輕人結婚生子，於是換了輛富豪（Volvo）汽車。因為據說富豪是最安全的汽車，而這其實是「我是顧家好男人」的信號傳遞。

又過了幾年，年輕人的老婆不知道為什麼跟他離婚了，他便將富豪汽車換成了紅色法拉利跑車。因為法拉利跑車代表著激情和浪漫，這是「我不缺妳一個」的激憤情緒表達。所以說，我們的偏好有時候來自我們的經歷。

那些和愉快情緒相關的產品，能夠啟動我們大腦的快感中樞。心理學家曾對那些說可口可樂比百事可樂好喝的人做過一個測試：心理學家先向四個杯子中的兩個杯子內倒入可口可樂，然後向另外兩個杯子倒入百事可樂，最後隨意調換四杯可樂的位置。此時，被測試者蒙上眼睛，開始試喝，猜哪杯是可口可樂，哪杯是百事可樂。結果，那些喜歡喝可口可樂的人多數都猜錯了。

其實，當一個喜歡喝可口可樂的人看到百事可樂的商標時，他的記憶中樞和反射系統的情感迴路只會有輕微的活動。但是，當他看到更熟悉的可口可樂鮮紅的商標時，他的記憶中樞和反射系統的情感迴路就會高度興奮。這種興奮就會加強可口可樂所帶來的快感。

一旦受試者蒙上眼睛後，這種額外的刺激就消失了，以至於受試者分不清哪杯是可口可樂，哪杯是百事可樂。這其實也說明商品在對我們的「情感印刻」起作用。

2 賣恐懼，最原始也最有效

恐懼是人類最原始的情感，恐懼心理是人們花錢的主要推動力之一。紐約大學的約瑟夫．勒杜（Joseph E. LeDoux）教授認為：「我們生來就知道如何感受恐懼，因為我們的大腦已經進化到可以處理自然情況。」

如果說快樂是誘導我們行動的「甜頭」，恐懼就是驅使我們行動的「力量」。正如古羅馬哲學家塞內卡（Lucius Seneca）曾說：「請告訴我誰不是奴隸。有的人是色欲的奴隸，有的人是貪婪的奴隸，有的人是野心的奴隸，但所有的人又都是恐懼的奴隸。」

假設你面前有四張照片，分別是ＡＫ４７自動步槍、蛇、飛馳的汽車以及電源插座。那麼，哪一張照片上的事物更能引起你本能的恐懼呢？

相信很多人在看到蛇的照片時可能會稍微感到恐懼，很少有人會在看到ＡＫ４７自動步槍、飛馳的汽車、電源插座時產生恐懼。但在現代社會，後三者的危害性其實也不小。

我們的大腦是進行資訊處理的機器，為我們提供了思維的本能，讓我們可以在這個世界生存；人腦是經歷了漫長演化的產物，構造複雜、功能多樣，帶有歷史的演變痕跡。

大腦之所以會進化，最開始並不是為了解決複雜的數學問題，不是為了投資股票，也不是為了在琳瑯滿目的商品中挑選出真正有價值的東西，很可能是為了解決我們的祖先當時所遇到的生存、繁衍等問題。

人腦給予優先權重的資訊往往有四個特點：恐懼、激動、新奇、困惑。那些點擊率高的網路文章，大多數都具有這四個特點中的一個或者幾個。在文章標題上，也盡可能的使用這四個特點。

很多廣告其實都利用了我們的恐懼心理，例如懼怕肥胖、衰老、落伍、死亡。於是，水質有問題的時候，濾水器行業誕生了；食品安全問題嚴重的時候，有機食品行業誕生了；空氣汙染問題嚴重的時候，空氣淨化器行業誕生了……。

我們的祖先在面對生存環境中出現的危險因素時，必須有「過敏」反應，才能有更高的倖存率。那些神經大條的人或者動物，都會比較容易被殺害或者被吃掉。可以說，我們都是偏執的「被害妄想狂」的後裔。

3

3B原則：美女、嬰兒、動物

人類天生會被「臉」吸引，這是人類進化出的一種本能。有時候，我們還能在沒有臉的地方看出臉來，例如在斑駁的牆面上、在奇峰怪石上。

研究顯示，只要在網頁裡加入人臉，其點擊率會增加很多。所以如果在某個產品的廣告宣傳中放上一張人臉，就更容易吸引顧客的視線，甚至虛擬的臉也能達到效果。

在智慧型手機時代，讀者打開一篇文章後，首先映入眼簾的通常是圖片而非文字。即使在傳統紙質閱讀時代，相當大一部分讀者的習慣也是先看圖才閱讀文字，像是封面、插圖。還有一些文章中經常插入美女圖片來吸人眼球，因為不單男性喜歡欣賞美女，連女性很多時候也喜歡看美女。

行銷者在為商品配置圖片時，可參照廣告學中所說的「3B原則」，即美女、嬰兒、動物（對應的英文分別為beauty、baby、beast）。美女、嬰兒、動物是人類的天性中不可抵抗的事物，容易激起受眾的性欲、母愛和憐憫。

3B原則是由廣告大師大衛．奧格威提出的，以此為表現手段的廣告，符合人類關注自身命運的天性，所以比較容易贏得消費者的關注和喜歡。

有人說「現在的廣告都圍繞著女性打轉」，無論廣告的內容和女性是否有聯繫。人類本能的會對嬰兒產生保護欲。有個電視廣告講的是嬰兒學步，剛開始，嬰兒怎麼都走不到兩步之外的玩具前，嘗試了許多次也未能成功。最後嬰兒手腳並用，爬到了玩具面前，開心的抱著玩具笑了。這時畫面一轉，出現了廣告的主題——奧迪（Audi）汽車。嬰兒的天真可愛，極容易激發人們的憐愛之心，這個範疇還可以延伸到兒童。

攝影師解海龍為希望工程（按：中國青少年發展基金會實施的一項社會公益事業）拍攝的「大眼睛」女童蘇明娟的照片，就是非常能打動人心的一張宣傳照片，這張宣傳照的力量簡直勝過千言萬語。

每種動物都被人類賦予一定的性格特徵和象徵意義，例如猴子象徵機靈、調皮，獅子象徵威嚴。我們可以把這些動物的特徵跟某個產品聯繫起來，像是奧迪的廣告中用到的壁虎就讓人印象深刻。

動物在被賦予了情感和行為之後，能產生新奇的幽默感，這就是動物對潛在購買者會產生潛移默化的說服力的原因。可以說，將動物作為廣告的主角也是屢試不爽的有效策略。

4 印刻效應，你會記一輩子

你有什麼記憶深刻的事情嗎？你還記得第一次吃蛋糕的味道嗎？你還記得初戀時心動的感覺嗎？我想，你肯定會記得一些。人們有時會對那些很久以前發生的事情，仍然記憶猶新，因為人的大腦有記憶功能。科學家將這種大腦記憶的想像稱為「情感印刻」。

一九一〇年，德國行為學家海因洛特（Oskar Heinroth）在實驗中發現了一個十分有趣的現象：破殼而出的小鴨子，會本能的跟隨在牠第一眼見到的活動物體後面。如果牠第一眼見到的不是自己的媽媽，而是其他活動的物體，如一隻狗、一隻貓或者一隻玩具鴨，牠也會自動跟隨其後。

更重要的是，一旦小鴨子形成了對某個物體的跟隨反應後，牠就不可能再形成對其他物體的跟隨反應。這種跟隨反應的形成是不可逆的。也就是說，小鴨子承認第一、無視第二，這在心理學中就叫印刻效應。

印刻效應不僅存在於低等動物，還存在於人類之中。正如神經科學家約瑟夫·勒杜發現的那樣：「當我們沒有意識到影響正在發生的時候，我們的情感更容易受到影響。」

小鴨子會對牠們出生後見到的第一個物體產生印刻效應，即在發展的關鍵期形成一種連結。一般情況下，這個活動的物體是小鴨子的媽媽。印刻效應產生之後，不管印刻的物體去哪裡，小鴨子都會緊隨其後。很顯然，印刻是一種學習行為，它是小鴨子和鴨媽媽之間形成的一種緊密關係。

蘇格拉底把人腦比作一塊蠟。我們的各種認知、體驗、思想、情感都會在這塊蠟上留下印記。對於無法記住或沒有經歷過的事物，我們會很容易遺忘。我們經常說的「印象」一詞，也源自蘇格拉底說的這個譬喻。

行銷的目標，就是要給消費者一種特定的印象，或者說在蠟上留下特殊的印記。當我們對一件事物有強烈的情感時，大腦中的激素就會加速分泌，並對我們的心理造成巨大的衝擊。所以，有些事情即使發生一次，卻可以讓我們終生難忘。

語言具有天然的局限性。因此，我們常常會有詞不達意或言不盡意的時候。很多情況，情緒是無法用語言表達的。但產品的情感印刻往往能起到「此時無聲勝有聲」的效果。

皇冠牌（Andrex）衛生紙是一個關於情感印刻的著名案例。皇冠衛生紙的銷量是「舒潔」（Kleenex）的兩倍之多（按：上述的皇冠牌與舒潔，在臺灣同屬金百利克拉克公司產品）。然而，兩家公司的廣告費用、產品品質、定價等幾乎差不多。英國的羅伯特・希斯（Robert Heath）教授對此感到很好奇，於是就進行了深入的調查。

羅伯特教授發現，長期以來，皇冠衛生紙都堅持用一個小狗形象的吉祥物來表現它們產品的優點：柔軟、有韌性、量多。例如一個女人抱著一隻小狗，他們身後的一卷衛生紙被一輛飛馳而去的汽車拖成一條長長的白色絲帶。

從邏輯關係上來講，小狗與衛生紙沒有太大的關聯，甚至有點風馬牛不相及的意味。但是羅伯特・西斯教授認為，小狗能讓人產生幸福、溫馨的感覺。這可能就是皇冠衛生紙銷量多的原因之一。

5 為產品連接一個美好符號

行銷者如果想讓受眾心中產生溫暖、積極的情感，可以透過一些方法，賦予自己的產品一些好的、討人喜歡的形象：一個可愛的孩子、一隻讓人忍不住想抱抱的小狗。或許這些形象和需要行銷的商品之間不存在任何關係，但它們卻能起到一定的促銷作用。

奧克蘭大學（The University of Auckland）的約翰・金（John Kim）教授進行了一項實驗。在實驗中，他向受試者播放了一家虛構披薩店的廣告，廣告設計者把一隻貓的特寫和披薩店的商標放在了一起。

雖然這兩者之間不存在任何邏輯聯繫，但僅在廣告片裡把兩者放在一起進行展示，就能令觀看了廣告片的受試者，對這家比薩店產生好感。

索尼（Sony）公司以前有一個很拗口的名字——東京通信工業公司，但是後來改成了一個發音非常簡單的名字「Sony」。之所以選擇 Sony 這個名字，主要因為它的英文發音和

「sunny」很像，這種諧音可以給人傳遞一種溫暖的感覺。

這種命名方式啟發了賈伯斯，於是他選擇了「Apple」作為公司的名字。因為他希望公司的名字不僅代表科技，還代表人文藝術的力量。這種帶有某種意義的命名方式在當時堪稱前衛。

如果產品的名字能給人帶來積極的情感，那麼消費者就會被這個產品深深吸引。如果這種情感反應能激發消費者的購買欲，商家也就能從消費者那裡獲得他們想要的東西。購買決策中混合著強大的情感因素，人的情感也可能在不知不覺中被操縱。

據說，「小米」還未誕生的時候，已經有了很多備選名字，比如紅星、千奇、安童、玄德、靈犀等。在當時，「紅星」是一個高票通過的名字，可惜紅星二鍋頭是著名商標，已經被註冊使用。於是，最終選擇以小米命名。

選擇小米，可謂歪打正著。小米是中國人常吃的五穀之一，溫潤滋養，給人一種親切隨和的感覺，而這也符合小米手機的定位。

為了讓大家能夠確切理解名字對於一件商品的價值和意義，我們可以回憶一下象牙香皂（IVORY）的案例。一八七九年的一天，寶鹼（P&G）公司創始人之一的兒子哈利・波科特（Harley Procter）在做禮拜的時候，聽到了一段《聖經》中的話：「你來自象牙似的宮殿，你所有的衣物沾滿了沁人心脾的芳香……。」

禮拜結束後，哈利走在回家的路上，象牙這個詞一直縈繞在他的腦海中。這個詞如此美好，以至於他決定用「象牙」作為即將投產的香皂的名字。

象牙香皂是寶鹼公司生產的一種白色香皂，廣告上說它的純度達到了九九％。行銷專家指出，一百多年以來，寶鹼公司已經因象牙香皂獲得了大約三十億美元的收益。

6 歪、短、貴，有時是廠商故意的

市面上礦泉水的包裝越來越精美和藝術化了，同樣一瓶容量五百毫升的純淨水，在價格相同的情況下，多數人會挑選瓶子設計得更有美感的那一瓶。

賈伯斯喜歡喝的 Smartwater 礦泉水的包裝，堪稱設計藝術的典範。賈伯斯平時就在蘋果公司的食堂吃飯，食堂裡永遠都有新鮮的壽司和 Smartwater 礦泉水。Smartwater 是一種高價的名牌礦泉水，每瓶售價超過三百元。這個牌子的礦泉水有一個非常特別的廣告標語：「它知道所有答案！」

Smartwater 這個名字聽起來就像是來自法國阿爾卑斯山的萬能魔法藥水，所以價格遠遠高於其他同等體積的礦泉水。實際上，Smartwater 礦泉水只不過是自來水經過簡單處理後加了些電解質而已；所以說，很多時候所謂「過度包裝」是個偽概念，因為你很難界定那個界限到底在哪裡，正如包裝精美的食品確實能給人的感覺更好一樣。

心理學家曾經做過這樣一個實驗：在一家咖啡廳裡，實驗人員專門為顧客提供一種新口味的咖啡，可以免費品嘗；但要求顧客在品嘗之後，給這種新口味咖啡建議一個價格。實驗人員將所有顧客分成兩組來品嘗這種新口味的咖啡。

供第一組顧客品嘗的咖啡是盛放在紙杯中的。供第二組顧客品嘗的咖啡是盛放在非常講究的陶瓷咖啡杯中的，並且配上專門的托盤。在兩組顧客品嘗相同咖啡的情況下，使用陶瓷咖啡杯品嘗咖啡的那一組顧客，平均出價金額要遠遠高於另一組使用紙杯品嘗的顧客的出價。

這個實驗還說明了一個問題：杯子竟然成了影響顧客出價的重要因素。精美的杯子會讓受試顧客產生高品質的預期。

密西根大學（University of Michigan）的萊恩．埃爾德（Ryan Elder）教授認為：「由於味覺是從多種感官衍生而來的，包括氣味（嗅覺）、材質（觸覺）、外觀（視覺）和聲音（聽覺），所以一個廣告若能覆蓋到以上這些感官，就會比單獨提及味覺要有效得多。」

英國萊斯特大學（University of Leicester）的研究者，在一家大型超市的酒類區播放了兩種音樂：德國式軍樂和法國式手風琴曲子。研究顯示，在播放德式軍樂那幾天，超市裡的顧客大都買了德國品牌的酒；而在播放法式音樂的那幾天，大多數的顧客選擇購買了法國品牌的酒。

研究者得出的結論是，顧客更傾向於根據音樂所產生的情緒，做出購買決策。根據不同的時間以及不同的場合，商家會播放不同的背景音樂，進而刺激顧客的購買欲，創造更多的利潤。

在剛開始營業的八、九點時，賣場商家會播放輕鬆歡快的歡迎樂曲；晚上快要關門時，商家則會播放柔和的送別曲。研究指出，當顧客聽到能夠激起他們情緒的歌曲時，很多人會在不知不覺間買下一些東西。

很多服裝店裡的試衣鏡都是斜放的，當試衣鏡被斜靠在牆壁上時，顧客的全身都會很好的透過斜放的鏡面映襯出來。

服裝店老闆往往會在試衣鏡前打上強光，而且大商場中的試衣鏡還會反射出柔光。這會讓顧客在燈光的映照下更加美麗，煥發出迷人的風采。

買衣服時，大多數女顧客會在試衣鏡前面端詳自己很久。因為她們總覺得此時的自己比平時漂亮多了，身材也更高挑了。

還有一種萬能遙控器，生產廠商在生產這種遙控器時，會故意在塑膠殼內裝一些沒用的鋁塊。因為，消費者在拿到有一定重量的遙控器時，會感覺品質更好些。而這種遙控器的價格，也比其他種類的遙控器要貴很多。

商家也會利用消費者看到產品的直覺反應，在產品外觀上下功夫。例如很多人都覺得雞蛋的蛋黃顏色越深，代表著雞蛋的營養價值越高。因此，有些養雞場的經營者就在飼料裡添加色素，讓蛋黃顏色變得更深。

麥當勞甜筒的尾部被設計得很短，但是螺旋式的冰淇淋卻高高的豎立在外面。這讓顧客錯誤的認為這種冰淇淋的分量很足，但其實不然。此外，還有很多商家在販售禮品的時候，也經常會在外包裝上做一些設計。

一個精美的、體積很大的禮品盒裡面，可能只是個體積很小或很一般的禮物。像是某款吉列刮鬍刀，就用很大的紙盒裝起來；這樣的包裝可以有效緩解顧客掏錢的「痛感」，因為這個大的包裝盒，會讓顧客產生一種買了很大的商品的錯覺。

7 人類最難抵抗的誘惑，香味

語言是在人類進化的晚期才進化出來的，而書面語言則出現得更晚。所以，從人類大腦本身的演化來看，它並不是為了支持人類各項言語功能才進化出來的。

有研究指出，在講話的時候，聽眾能夠接收和理解的資訊，只有七%來自字面，三八%來自語調，五五%來自視覺，比如表情、手勢等。

行銷也是一樣，要想觸動消費者，僅靠文字和語言是不夠的。行銷就是要喚起需求，促進購買。人的感官會在外界的刺激下產生欲望，在欲望的促使下，購買行為會從被動變為主動。

行銷手段不外乎利用圖像、文字、聲音等媒介，刺激顧客的視覺、聽覺等來達到銷售目的。但是，消費者在電視、雜誌、報紙等廣告宣傳的強大攻勢下，視覺與聽覺的刺激已略感麻木。所以，如果行銷想要獲得成功，一定要全方位調動人的感官，透過視覺、聽覺、觸覺、味覺與嗅覺，觸發顧客的購買動機，讓顧客透過各種感官體驗，產生購買衝動。

在德國的一家商場裡，消費者會聞到青草的味道。隨後，消費者被問及他們對這家商場的印象，結果對這個商場的正面評價還挺高的。這是因為大部分消費者的祖輩都是農民或者牧民，青草的味道會喚起他們對於田園生活的回憶。這就是所謂的「感官聯想」。

你喜歡新汽車的皮革味、餐飲店的漢堡味、電影院的爆米花味，但這些很可能都是製造出來的味道，它的使命就是扣動顧客的欲望扳機。

有一位行為學家曾說，對於其他感覺，我們的大腦都是「先思考再反應」，唯獨嗅覺是「先反應後思考」。這句話確實很有意思。菲律賓快樂蜂（Jollibee）餐飲集團的崛起，恰好印證了這個論斷。

菲律賓最大的速食企業快樂蜂集團，是由菲裔華人陳覺中在一九七八年創立的。最初當地的速食業被麥當勞全面霸占，那麼快樂蜂是如何崛起的？

陳覺中先生回憶說，在快樂蜂創立之初，他們做的漢堡根本吸引不到顧客。後來，他想了一個主意，買了一個大功率的鼓風機，將鼓風機對著剛製作好的漢堡吹，使得香味能飄到街道上。當漢堡的香味飄到街道上時，很多人聞到香味都忍不住放慢了腳步，有些路人甚至隨著香味走進店裡。

廣告海報，消費者可以不看；促銷員說的話，消費者可以不聽。但是消費者卻不能不呼吸，這就是氣味行銷之所以有效的最重要原因之一。

在紐約，三星（Samsung）電子旗艦店裡有一種像哈密瓜的香味。據說這種香味能幫助顧客放鬆，讓顧客有種漂浮在無邊大海上的感覺。在情緒放鬆的狀態下，消費者對價格也就不那麼看重了。

在一些購物中心的旁邊，賣泡芙的櫃檯上會飄來一種香味。顧客在聞到這種香味的時候，即使不買，也會產生愉快的心理，進而在商場裡待上更長的時間。電影院裡的爆米花香味使得本來無意看電影的人，也忍不住會駐足瀏覽電影海報。在生意清淡時，迪士尼樂園的爆米花攤也會利用爆米花的香味吸引顧客。

英國航空公司會在商務候機室裡釋放藍莓的香味，為候機乘客營造一種身處戶外的錯覺。而在這方面做得最好的是新加坡航空公司。

中國雜誌《旅行者》將新加坡航空公司評選為「世界最佳航空公司」。雖然新加坡航空公司的飛機餐很普通，座位空間也不大，但是，新加坡航空公司的飛機上有一種特殊的香味，它們來自空姐身上的香水味以及熱毛巾上的香水味。

新加坡航空公司這種名為「史蒂芬．佛羅里達」（Stefan Floridian Waters）的特製香水，已經成為新加坡航空公司形象的一部分，且已申請了專利保護。

第 7 章

不要過度承諾，但要超值交付

謙遜，通常是自負者欲揚先抑的詭計。

——英國哲學家／法蘭西斯・培根（Francis Bacon）

1 世界上最動聽的一句話，不是「我愛你」

意外之喜能讓大腦勃然而興。世界上最動聽的一句話不是「我愛你」，而是「對不起，你的癌症是誤診」。多巴胺系統對新鮮事物的刺激更敏感。所以行銷者要在消費者頭腦裡建立這樣一種認知——選擇會有驚喜。但這種驚喜必須具有一定的隨機性。

讓我們再回頭看看史金納的鴿子實驗，當鴿子啄擊槓桿獲取食物變得具有隨機性時，鴿子會改以超高的頻率瘋狂啄擊。人也一樣，當獎賞變得不確定時，人就容易對它進行更加狂熱的追求。

當我們的大腦被可預知的東西刺激時，大腦中分泌的多巴胺量會減少。這就可以解釋我們為何總是喜新厭舊了。有鑑於此，我們就可以根據新舊事物對大腦的影響程度，設計商品促銷活動的力度以及頻率了。

很多遊戲開發者，在設計遊戲的過程中就利用了這個原理。例如微信的漂流瓶遊戲，用戶無法確定會撿到瓶子還是海星，而這個設計不但沒有讓用戶討厭，反而強化了用戶對這款遊戲的喜愛。

最新的研究證明，獎賞的多變性會使大腦中的依核更加活躍，並且提升多巴胺的分泌量，促使人們對獎賞產生迫切的渴望。

獎賞的不確定性越大，腦內多巴胺的分泌量就越豐富，人會因此進入一種物我兩忘的專注狀態中。這時大腦中負責理性與判斷的部分被抑制，負責需求與欲望的部分則被啟動。

在人類的一切行為中，賭博的不確定性最大，這種不確定性很容易讓大腦興奮。很多時候賭博會對大腦產生一種負獎賞（輸錢），輸錢和贏錢會形成強烈的反差，使得獎賞（贏錢）更具有誘惑力。這也是為什麼很多人會花費很多時間去賭博。

諾貝爾經濟學獎得主薩繆森（Paul Samuelson）提出了一個著名的幸福公式：幸福＝效用÷欲望。套用這個公式，我們可以得出——**行銷效果＝行銷力度÷顧客期望值**。

2 過度宣傳，當心反噬效應

物無美惡，過則為災。行銷這種「藥」，便宜且快速見效，所以很多人都喜歡用它。但是過度行銷，會使得顧客的期望值變得非常高。如果你做了很多廣告來吹噓你的產品，把顧客的胃口吊得很高，而實際產品卻達不到顧客預期，最後顧客一定會很失望。

所以，小米科技創始人雷軍說：「收著點（收斂點）。」這也是他的口頭禪。雷軍向自己的母校捐款建設大樓時，他捐出的數額不是一億元，而是九千九百九十九萬九千九百九十九元——超乎預期的核心在於控制預期。

網路上出現了一款 MIUI 手機，沒有人知道這是誰做出來的。而且在小米發布後的一年半內，雷軍仍隱姓埋名，沒有人知道他在做這件事情。雷軍心中的小米是一個「超預期」的商品。但是小米紅了之後，雷軍並沒有做好控制預期的工作。

雷軍的初衷是不希望小米一度紅得發紫，畢竟這是一種失控狀態，所以他還是希望能夠收著點。雷軍婉拒了很多記者的採訪，不再製造話題，因為小米需要收著點。

然而，當時的形勢已經一發不可收拾，被批評過度行銷時，小米已經身不由己了。很多報導其實不是雷軍主動要求的。雷軍總是希望小米能夠超乎預期，但是用戶對小米的期望值越來越高。小米作為一個創業型公司，它怎麼可能一下子就超越三星、蘋果呢？

這是一個行銷過剩的時代。關於行銷，每個人都能說出個道理來。**現在的行銷者缺的不是行銷技巧，而是預期管理**。當行銷用力過猛，噱頭大於產品時，消費者就會產生抱怨；當期望落空之時，消費者就會「粉轉黑」或者「路人轉黑」（從喜歡或無感變成討厭）了。所以說，管理顧客的預期，給顧客超出期望的驚喜，才能讓顧客真正上癮。

出奇容易，守正則難。在粉絲經濟下，銷售者不能過度宣傳，重點還是在注重產品的品質。對於狂熱的粉絲，我們需要給他們的預期適度降溫。粉絲經濟雖是一種很好的行銷手段，然而當行銷太用力，誇大了實際產品的品質，就會讓消費者有受欺騙的感覺，接著就會抵制這款產品。

粉絲經濟其實是把雙面刃。當行銷力度和內容與產品的真實情況不相符的時候，粉絲就不再認可這種商品，進而出現反噬效應。

3 產品無須完美，只要超乎預期

和用戶做朋友，已經成為不少企業的信條。然而，很多人連和少數幾個人做朋友的交際藝術都不懂，又怎能妄談和成千上萬的用戶做朋友？

雷軍曾舉過兩個例子，一個例子是說，杜拜帆船飯店號稱全球最好的飯店，但人們真正去了以後，飯店卻讓人感到失望。還有一個例子是說，如果人們慕名去喝某網紅店的珍珠奶茶，本來想有著網紅光環的珍珠奶茶理應更好喝，但喝了以後發現也不過如此。長此以往，這兩個地方就會受到人們的抱怨。

所以說，提升用戶口碑的祕訣之一，是超越用戶的預期。

如果你去某家餐廳吃飯，剛到這家餐廳的時候發現這家餐廳的地點並不好，環境也亂糟糟的，你對這家餐廳肯定不會抱有太高的預期。然而，當你真正進去用餐時，服務員的表現卻非常專業及貼心，此時你肯定會對這家餐廳的印象非常好。

「海底撈」走的就是這種行銷模式。我們去五星級飯店吃飯是帶著得到「五星級服務」的期望去的，所以我們有時候會很挑剔。我們去海底撈吃火鍋則不會對那裡的服務抱太高的期望，結果卻令人很驚喜。

海底撈的創始人張勇認為，火鍋店與火鍋店之間，菜單的差異並不大，因此，服務可以成為差異化戰略的著力點。

「魅族科技」創始人黃章常常說：「要讓用戶得到的超過預期值。」魅族在三年時間內僅做了兩款手機，但這兩款手機並非完美之物。接著，魅族又推出了一系列的補差價舊機換新機，甚至免費換新機的政策。

在電池使用的時間上，魅族手機並沒有像其他廠商那樣，寫出最長待機時間，而是寫出了最短待機時間。魅族手機超高的性價比，超出了用戶的預期，因此也促成了用戶口碑形成。

超越預期，其實也是一種錨定效應。美國有家網路鞋店名叫 Zappos，亞馬遜在二〇〇九年花了幾億美元收購了它。這個網站為什麼那麼值錢？其實，這家網站的技術並不是頂尖，只是服務比較好而已。Zappos 承諾為顧客不斷創造快樂與滿足。

Zappos 是如何做到這一點的呢？他們的行銷策略是：用服務傳達驚喜——提供讓使用者喜出望外的服務，讓顧客的大腦對這種體驗難以忘懷，並期待下一次的消費。

Zappos透過調整用戶的預期之錨，來贏取良好口碑。顧客在Zappos的網頁上買了鞋子之後，Zappos承諾鞋子在四天後即可送達。然而，絕大多數當天下的訂單，顧客第二天就可以收到貨。

Zappos網站甚至還推出了售後延遲付款的政策，顧客購買商品後，只需要在三個月內付款即可。更貼心的是，該網站還允許用戶能夠買一雙鞋，試穿三雙鞋，然後把不合腳的鞋寄回去，而且不用支付任何運費。

可以說，無論是賈伯斯、戴爾，還是黃章、張勇、雷軍，都認同這一理念：「口碑行銷的真諦，是超越用戶的期望值。」

4 口碑行銷，就是預期管理

從做MP3開始，黃章就開設了網站，並在論壇上發布文章。黃章本意是想透過網路，更快、更即時的獲得用戶的回饋，於是在幾年間，黃章發布了數千篇帖子。無心插柳柳成蔭。由於黃章本人的活躍度，以及魅族產品良好的口碑，魅族論壇的用戶越來越多，使得魅族根本不需要花重金做廣告宣傳，就能獲得比其他人高的廣告宣傳效果。

魅族的鐵粉，為其產品營造了良好的口碑，粉絲口碑行銷的威力是非常巨大的，因為粉絲能夠為產品帶來更多粉絲。

據統計，一個忠誠的老顧客可以影響二十五個消費者，誘發八個潛在消費者產生購買動機，其中至少會有一個人產生購買行為。鐵粉還可以帶動周邊產品以及替代產品的銷售。

零缺陷的產品是不存在的。但是，商家要想做出超出顧客預期的產品或服務，則簡單得多。維護好鐵粉的關鍵在於給予他們超出預期的好處，讓他們被感動，並得到滿足。

黃章說：「有一分錢做一分事。我們的產品要用最好的零件，這是不能變的；研發也要有大投入。廣告現在不是重點。」

「阿芙」精油是近幾年來在中國崛起的一個精油品牌，贈品是阿芙精油的成交法寶。如果新用戶抱著試試看的態度買一瓶精油，收穫的不僅僅是精油，還有各式各樣的小東西，如香薰燈、調配瓶、卡片……這些東西全部是單獨包裝的。因此當新用戶拆開包裝時，會有一種拆禮物的感覺，這些超出預期的小驚喜，為產品獲得使用者口碑打下了良好基礎。

5 菜單上最貴的菜，不是讓你點來吃的

某城市有兩間專賣襯衫的服裝店，第一家服裝店經營歐洲風格的襯衫，第二家服裝店則專門經營北美風格的襯衫，兩家的價格不相上下，每天的營業額也都差不多。後來，第三家服裝店也開張了，同樣經營歐洲風格的襯衫，價格卻比第一家服裝店的高很多。因為價格的原因，第三家服裝店內很少有人光顧，而第一家服裝店的營業額卻大幅增長。與此同時，第二家賣北美風格襯衫的店也受到了影響，顧客比以前少許多，而人們都認為第三家服裝店遲早會垮掉。

但令人百思不得其解的是，這家服裝店存在了很久。直到有一天，第一家服裝店和第三家服裝店同時轉讓，人們才發現，這兩家店的老闆是同一個人。其實，第三家服裝店的存在，正是為了給第一家服裝店做陪襯。

在這三家服裝店裡，第三家服裝店就是「誘餌」，第一家服裝店才是真正銷售的「目

標」，第二家服裝店則是「競爭者」。

我們去餐廳吃飯時，一般來說菜單上至少會有一道貴得離譜的料理（即使從來沒有人點，或者點了後店家也會跟你說賣完了）。其實，這道高價料理的存在，並不是真的想讓顧客去選擇它，而是誘導顧客點比它價格稍微低一點的菜。

這是因為，當我們看到有貴得離譜的菜之後，就會覺得比它價格稍微低一點的菜才是真正的物美價廉，所以會果斷選擇比這個價格稍微低一點的菜。這種市場行銷技巧被廣泛應用於各式各樣的商品銷售中，比如家電促銷、網路費率套餐等等。

行銷活動中也常常存在一種「幻影誘餌」，例如汽車、手機、化妝品等產品的目錄中會有一些價格比較高的產品，商家們其實並非奢望賣出多少豪華套裝和頂級配備產品，而是希望以此來提高消費者對相關產品的期望價位。

在降價促銷活動中，商家常常會特別強調促銷產品的原價，然而這個原價其實就是一個幻影誘餌。

第 8 章

工作、學習、復健，皆可成癮

人生最大的快樂，是致力於一個自己認為偉大的目標。

——愛爾蘭劇作家／喬治・蕭伯納（George Bernard Shaw）

1 阿里巴巴成功法：尊重你的目標

積極成癮可以給人帶來愉悅感，讓人體會到生活中真實的快樂。那麼與積極成癮概念相對的，可能就是消極成癮。菸、酒可以讓人有愉悅感，讓人成癮，但因為它們會給人的身心造成不同程度的傷害，所以稱為消極成癮。

《升級你的人生》（*Level Up Your Life*）一書的作者史蒂夫・坎布（Steve Kamb）是遊戲迷，他覺得如果自己能弄明白為什麼會對遊戲如此上癮，就可以利用這個原理，「圍繞冒險為中心，而非逃避現實」來重建自己的生活了。

史蒂夫知道遊戲都是藉由一次次的升級來吸引人，在第一級中，你可以殺蟑螂；在第二級中，你可以殺老鼠；在第三級中，你可以殺怪獸……當你升到了足夠高的級別時，你就可以和飛龍決鬥了！

不斷晉升的感覺真的很棒，我們會愛上這種來自大腦的獎賞。網路遊戲廠商為了讓玩家愛上遊戲，不會制定難度係數太低的開局任務，難度太低，玩家會心生輕慢；當然也不會制定難度係數太高的任務，難度太高，玩家可能會直接放棄。

網路遊戲廠商會設置一個恰當的難度係數，讓玩家能輕鬆獲得成就感，並讓大腦獲得自我實現型犒賞。

制定任務是一門藝術，無論是工作、學習還是技能訓練，我們都可以參考這一原理來進行。給自己設定一個合理的目標，那麼當實現這個目標的時候，就會獲得與打網路遊戲晉升一樣的興奮感。

有時候，當挑戰稍微超出能力範圍時，我們不知道接下來會發生什麼，所以就會更加專注於這個挑戰。這種挑戰會讓我們的大腦分泌多巴胺，進而感到興奮和愉悅。

在「阿里巴巴」的內部，有一個執行力法則叫「尊重你的目標」。意思是目標不可以隨便制定，目標過低不行，定高了無法完成更不行。既然目標定了我們就必須完成。

例如在制定目標的時候，上個月的最高指標應該是這個月的最低標準。採用這種設定目標的方法，我們就會有一種持續的進步感，那種來自大腦的即時型犒賞會鼓勵我們不斷改進，持續進步。

當我們完成了階段性目標後，我們可以透過各種方法犒賞一下自己，以強化這種行為。

2 成大事者先成就小目標

人生不是百米衝刺，而是一場馬拉松，需要耐力和智慧才能跑得遠。劉德華曾被媒體追問：「你這麼多年可以這麼努力的源頭是什麼？」劉德華說：「我覺得是一個習慣，把努力變成一種習慣，就不會有壓力。」原來，努力也會成為一種習慣。

一九八四年，在東京國際馬拉松邀請賽上，名不見經傳的日本選手山田本一出人意料的奪得了世界冠軍。當媒體問他憑什麼取勝時，他只說了一句話——「憑智慧戰勝對手」。當時很多人都認為這是山田本一在故弄玄虛。

一九八六年，在義大利國際馬拉松邀請賽上，山田本一再次奪冠。記者又請他談談比賽經驗，山田本一依然說了那句話——「憑智慧戰勝對手」。他的這句話從此成了一個未解之謎。

多年後，已經退役的山田本一出了一本回憶錄，道出了其中玄機。在回憶錄中，他是這麼說的：

「每次比賽前，我都要乘車把比賽的路線看一遍，並畫下沿途比較醒目的標誌。第一個標誌是銀行，第二個標誌是中央公園，第三個標誌是一座紅房子……這樣一直畫到賽程終點。

「比賽開始後，我就以百米的速度奮力向第一個目標衝去，等到達第一個目標後，我又以同樣的速度向第二個目標衝去……於是，四十多公里的賽程就被我分成這幾個小目標，並輕鬆的完成了。

「起初，我並不懂這個道理，我把目標定在四十公里外終點線的那面旗幟上，結果我跑到十幾公里時就感到疲憊不堪，因為我被前面那段遙遠的路程給嚇倒了。」

山田本一在回憶錄中說的這段話，向我們闡述了一個道理：「我們應學會把大目標分解成若干個具體的小目標，並一一克服小目標，最後就能取得成功。」

當我們把大目標分解成具體的小目標，並分階段逐一實現時，就比較容易因小目標的實現而感到快樂，並形成一種快速、積極的回饋，進而有動力去實現下一階段的目標。而此時，我們在各個階段所獲得的小成功，加起來就是大成功。

幾乎所有的體育教練都是「切割目標」的大師。美國職業橄欖球聯賽教練比爾・帕塞爾斯（Bill Parcells）曾帶領紐約巨人隊奪得兩屆超級盃（Super Bowl）冠軍，他很贊同「即使小小的成功，也能大大的鼓勵人們相信自己」的觀點。

美國哈佛大學行為學教授提出了「小目標成功學」的說法。他認為，有些人誤以為自己能一步登天，所以常做夢會一舉成名，一下子成為一個成大事者。實際上，這是不可能的，原因有兩個：一是能力不夠；二是成大事者必須經過長久的磨練。

這種將大目標切割為若干個小目標的方法，其實早已被遊戲開發者所掌握。遊戲開發者知道，如果人們可以樂此不疲的點擊滑鼠十萬次（玩遊戲），那麼任何事物都能讓人欲罷不能。從這一點來說，行銷者也可以設計出引導用戶「積極成癮」的產品。

3 成癮不是壞事，因為大腦喜歡接受挑戰

我有幾位朋友曾經都是網路上癮少年，但他們現在都在各自的領域取得了相當不錯的成績。他們甚至能從網路遊戲中悟出一些道理，用來指導自己的工作。

所以說，在這個越來越容易成癮的世界中，我們要學會與「癮」共舞。

在我們專注於玩遊戲時，會覺得時間過得很快，有時覺得自己只是玩了一下，應該不到二十分鐘，但其實已經玩了將近兩個小時。這種專注的狀態，有點類似於心理學家說的「心流」。

當我們面臨難度適中的挑戰時，大腦會形成一個自我實現型犒賞的預期，就有可能進入心流的狀態。當一個人有過層級較高的心流體驗時，一般容易讓人上癮的網路遊戲、毒品都不再會對他有太大的吸引力。而一個人若想進入心流狀態，必須注意以下兩點：

第一，我們要用積極的態度對待要做的事情，因為大腦只會對感興趣的事情負責。所

以，就算是比較枯燥的工作，我們也要從積極的角度進行描述。

第二，我們所面對的這個任務要具有挑戰性，也要具有可執行性，難度適中。

當我們進入心流狀態後，大腦中的多巴胺分泌量會增多。我們前面說過，多巴胺與我們對時間的感知力有關，在心流狀態下，我們會感到時間過得很快。

人一旦進入心流狀態，大腦中會建立各種平時沒有的神經連結，使人產生巨大的創造力。這時大腦會分泌多巴胺、腦內啡、大麻素、催產素等多種激素，在神經元之間建立各種連結，使大腦產生強烈的愉悅感。

智慧型手機的普及，已經為成癮型學習產品的行銷鋪平了道路。就拿背單字來說，在沒有智慧型手機的時代，學習者很難獲得即時的、積極的回饋，大腦也很少會收到即時型犒賞。

如今，學習者透過軟體可以隨時測試自己的學習情況。這種即時型獎勵的滿足感可以激發學習者的學習興趣和熱情。有些學習軟體甚至會和學習者一起討論，並為學習者制定一個學習進度表。

學習軟體透過讓學生每天打卡，來引導他們每天學習，甚至用遊戲的方式，以刺激學生的多巴胺分泌。可以預測，在未來學生們都會主動學習，高壓、填鴨式教育將不復存在。

只有主動選擇的挑戰，我們才會從中感受到快樂。如果是被迫的，就算是玩遊戲也是一樁苦差事。事實上，確實有人靠玩遊戲、賣裝備為生，但那樣遊戲的體驗將大打折扣。

二〇〇八年，美國醫學期刊《小兒科》（*Pediatrics*）刊登了一則報告，為了讓罹患癌症的青少年配合化療，美國一家實驗室試著用孩子們能理解的語言，來改變他們的行為。實驗人員開發了一款名為《重生任務》（*Re-Mission*）的電子遊戲。這款遊戲一共有二十個關卡，玩家在遊戲中扮演一個奈米機器人戰士，任務就是消滅血液裡的腫瘤細胞。透過打怪升級，玩家可以掌握更多有關化療和康復的知識。

結果，這款電子遊戲有效的強化了青少年服藥、化療的行為。玩過這款遊戲（哪怕只通過一、兩關）的孩子，血液中化療藥物的藥性提升了二〇％，這使得孩子們戰勝癌症的機率增加了一倍。

那麼，為什麼只玩過一、兩關遊戲，也可以有效的改變患者的行為呢？一位史丹佛大學的行銷學教授給出了解釋：「我們利用簡短的電視廣告來改變觀眾的行為，靠的不是釋放資訊，而是塑造一種認同感。」例如：我要是也買輛ＢＭＷ轎車，就會變成這樣的人；我要是也那樣生活，就會變成環保人士。

透過這款遊戲，這些青少年患者有了一種認知：化療不再是一件無意義的重複行為，不再只是單純的治療疾病，而是要和病魔做鬥爭。所以，他們必須勇敢接受化療、戰勝病魔，奪回本該屬於自己的人生。

4 聖經閱讀程式，全球下載三·五億

微信有一個記錄運動步數的功能，而這個功能可以讓我們從此愛上步行。

當微信每天公布朋友圈裡每個人的運動步數排行榜時，我們的大腦就產生了對晉升型犒賞的渴望，使我們想要讓自己的排名更往前進。

當我們看到好友排名在我們前面時，有一股無形的力量會促使我們堅持運動。當我們的名次往前，大腦就會獲得一種晉升型犒賞，並產生優越感。

很多人買了印刷版的《聖經》後，往往就束之高閣了。一位名叫鮑比·格林華爾德（Bobby Gruenewald）的創業家改變了這一狀況。他開發了一款名為「YouVersion」的《聖經》閱讀應用程式，裡面有各種版本的《聖經》。

YouVersion 程式中不同於紙質版《聖經》的地方在於，它的設計版式讓人看得很舒服，同時人們也可以在上面做筆記，選擇多種顏色做標注，並同步到自己的帳號裡。

YouVersion 程式還會協助《聖經》閱讀者設立一個合理的閱讀計畫，並給予一定的提醒、回饋。當然，它還具備一定的社交功能。因為 YouVersion 程式的出現，記錄《聖經》的載體發生了改變。

可以說，YouVersion 程式定義了在移動裝置上閱讀「上帝訊息」的方式。更重要的是，在 YouVersion 程式上閱讀《聖經》，人們會有一種超越型犒賞的感覺。

YouVersion 的核心內容是免費的，但額外的功能需要另外付費使用，包括禱告、《聖經》學習等。因為這個應用程式，開發者還募集到了巨額的善款。由此，YouVersion 才有能力提供一千兩百五十種語言、一千八百個《聖經》版本，全球下載次數高達三．五億人次。

第9章

先做朋友，再做生意

我們很難透過直接改變這個人本身去改變他的行為，
但我們可以透過改變他所處的環境來改變他的行為。
——美國心理學家／庫爾特・勒溫（Kurt Lewin）

1 穿衣服的金科玉律：合群

無論是我們的祖先、身邊懵懂的孩子，抑或是我們自己，潛意識中都會有一種強烈的渴望——被認同。「按讚」就是一種最低成本的社交認同，轉發則是更高一層的社交認同。

「Opower」是一家幫助美國居民節約能源的公司，其創始人艾力克斯・拉斯基（Alex Laskey）做過一個實驗，分別用不同的宣傳口號，呼籲大家節約能源：「每個月可以節省五十四美元；節能減排可以拯救我們的地球；你是個好公民；你的鄰居在節能方面做得比你好……。」

大家可以猜一猜，哪一種宣傳口號起到的效果最好。結果是最後一個宣傳口號最為有效。聽過這句宣傳口號的家庭，平均比其他家庭多減少二%的能源消耗。這就是典型的渴望社交認同的現象。

他人是自我概念的一種延伸。如果缺乏有意義的社會關係，我們就無法形成穩定的自我認識。人類是社會型的動物，渴望和尋求友誼是正常的事情。我們每個人都希望獲得社交認同，否則就會感到恐慌。

一九〇〇年，李施德霖（Listerine）漱口水利用令人不快的口臭，掀起一股銷售熱潮。其結果是，李施德霖漱口水現在擁有高達五三％的市占率。原因就在於，人們害怕因口氣不夠清新而遭受社交挫敗。

我們為什麼會追逐時尚？從神經科學角度來說，這是人類的鏡像神經元在起作用。如果我們看到很多人都穿戴同一種服飾，我們的鏡像神經元就會有模仿的衝動。有學者猜測，大約在十萬年前，大腦的雛形中就產生了鏡像神經元。因為有了鏡像神經元，大腦才得以飛速進化。

鏡像神經元會驅使我們模仿他人的行為，所以當部落中某個猿人發現了取火的方法，或者某種工具的使用方法時，這種技能將迅速傳播。正因如此，人類文明才得以形成和延續。從社會心理學的角度講，這樣做的目的是希望與群體保持一致，即獲得社交認同。

有人曾問一位國際禮儀專家：「穿衣服的金科玉律是什麼？」這位專家就用簡短的兩個字回答——合群。如果別人都穿西裝，只有你穿長袍，這顯然有違社交認同的原則。為了獲得別人的理解、認同、接納，我們不但要穿得合群，還要表現出幽默感、愛心、智慧、才華……。

我們展示自己的專業能力，可能是為了讓異性多看自己幾眼，或是為了得到一份好的工作。但不管如何，都是為了獲得一定的社交認同。就算那些看上去特立獨行的人，也有希望獲得社交認同的時候。

有人曾說：「在幫派內部，最嚴厲的懲罰不是被殺掉，而是被開除。」可見，人們對於被孤立的恐懼，甚至超過死亡。而從進化論的角度看，人類害怕離群，在漫長的進化過程中，人們只有融入群體，才能免於被野獸吃掉。人類要生存，所以必須具有「群性」。

2 手錶、汽車、西裝，都是一種安全毯

一般來說，成癮分為兩種：物質成癮和行為成癮。物質成癮指人對藥品、香菸、酒等物品的上癮行為。行為成癮則指沉迷於某些行為不能自拔，如賭博、上網、玩遊戲等。行為成癮具有物質成癮的特徵，如耐受性（按：在藥理學中常見的現象，在使用某種藥物一段時間後，藥物對這個人的效用逐漸減弱，為了達成相同的效果，必須增加藥物的使用量）、戒斷症狀等。

英國社會心理學家皮特・寇恩（Pete Cohen）認為，也許我們不該把它叫做物質成癮，而應該叫做「鍵合」。鍵合其實是一個化學術語，指的是相鄰的兩個或多個原子間的強烈相互作用，這裡則是比喻人與物質之間的緊密聯繫。

人是一種社會動物，是社會中的一個「分子」，最基本的需求是彼此連接。這就像分子之間要透過分子鍵進行鍵合一樣。

我們健康快樂時，會與身邊人關係融洽，建立連接。我們受到排斥，或者不能與身邊的人建立連接時，為了舒緩壓力，便開始尋求與物質的連接。這些物質可能是香菸、酒、美食、衣服等。

人們之所以會對物質上癮，有一種可能是，這個人無法很好的生存在自己的社會關係網中。人有建立關係的需要，追求認同，逃避排斥。當追求認同的執念得不到滿足的時候，疏離感會促使一個人尋求與物質的鍵合，即對物質上癮。

與物質鍵合，是人類的天性和本能。心理學家認為，當孩子開始意識到自己擁有脫離母親存在的獨立自我時，會逐漸找到一種代替母親的過渡物品，也就是所謂的「安全毯」，並讓自己感到更安全。研究表明，成年人也一樣。成年人缺乏自信時，也會靠一些物品來增強信心。

心理學家羅伯特．威克蘭德（Robert Wicklund）在一九八二年的研究發現，與其他人相比，工作機會更少、成績更差的ＭＢＡ學生，更喜歡展示自己昂貴的西裝和高檔手錶等象徵事業成功的東西。從行銷學的角度講，人格化某些商品，可以使一些缺乏親密關係的人在獲得這件商品時，擁有一些慰藉。

3 最值錢的社交貨幣：交換祕密

被稱為「IT時代的先知」的傳媒學大師麥克魯漢（Marshall McLuhan）認為，媒體即人的延伸：「文字和印刷媒介是人類視覺能力的延伸，廣播是聽覺能力的延伸，電視則是視覺、聽覺能力的綜合延伸。」

一、生存競爭的需要

心理學家法蘭克．麥坎安德魯（Frank McAndrew）教授認為，熱衷於小道消息是人類的本能，是人類演化的產物，而非流行文化的產物。小道消息是維繫群體交流和穩定的工具，能夠促進群體穩定和繁榮。

上古時代，我們的祖先以部落的形式生存，所以沒有所謂的小道消息，或主流聲音的認識和區分，傳媒的最初形態就是口耳相傳。在殘酷的生存環境中，對同伴和敵人的資訊近乎偏執的掌握，是保證競爭優勢的手段之一。因為只有如此才能更好的獲取資源，對抗未知的風險。

在人類進化的過程中，八卦愛好者完勝並淘汰了輕視小道消息的人們。或許，現代人就是上古時期的八卦愛好者的後裔。

談論那些有趣的八卦，是人類普遍的喜好。即使只有幾個人一起生存，人們說話的時間也不會減少，甚至每天會花上幾個小時研究和傳遞資訊。

雖然人類已經進入行動網際網路時代，但人的本性沒有改變。

因此，一個人要想把生意做好，就必須弄明白什麼是競爭、誰才是你的競爭對手，近乎執著的去打探這些消息。你要知道競爭對手到底都在做什麼，要用什麼絕招才能超越他，這才是競爭的全部內涵。

二、社交貨幣

我們在與他人談話的時候，不只是想交流某種資訊，更多的是想了解與自己相關的資訊。人們潛意識裡都是想透過傳達或了解某些資訊來塑造自我，使自己成為別人眼中聰明的、風趣的、理智的人。

一個人身上所具有的聰明、風趣、理智等特質，其實就可以稱為社交貨幣。社交貨幣其實也可以叫做「談資」，即可供談論的資料或資本。談資也確實有貨幣的部分特點。經濟學家對貨幣的定義通常有三種：交易媒介、記帳單位以及儲存價值。

新鮮的資訊和稀缺的物品都是一種「軟通貨」（按：Soft Currency，原指在國際上幣值較不穩定，不可作為計價、支付、結算等手段使用的貨幣）。人與人之間的默契與結盟，正是靠交換新鮮的資訊和稀缺的物品來實現的。人們喜歡聊天，因為聊天可以讓彼此迅速共用資訊。

祕密，也是一種社交貨幣。有人說，只有祕密才可以交換祕密，然而祕密一旦被分享，就不再是祕密了。調查顯示，女性保守祕密的時間不會超過四十八小時，而男性保守祕密的時間也只比女性稍微長一點而已。

4 社交貨幣比錢還轉得動

《唐才子傳》中有一則軼事：有一次，大詩人宋之問的外甥劉希夷作了一首名叫〈代悲白頭翁〉的詩。

劉希夷拿給舅舅宋之問看，希望他能點評一下。誰知宋之問拿著詩看了良久，不肯放下，原來是很喜歡其中「年年歲歲花相似，歲歲年年人不同」這句話。

於是，宋之問就希望外甥劉希夷把這首詩讓給自己，說是自己寫的。宋之問說：「既然你覺得這句子有不妥，那讓給我吧，當作是我寫的。」

劉希夷礙不過舅舅的情面，於是便答應了。但沒過多久，劉希夷反悔了。宋之問為了永久霸占這首詩的署名權，最後竟把自己的親外甥給殺了。

其實，詩歌不過是一種人們在社交活動中傳誦的「歌」罷了。要知道，在盛唐時期，還沒有類似今天智慧財產權的制度，作品即使流傳天下，也很難直接變現。那麼為什麼有人會對資訊的署名權那麼在意呢？

其實，無論是古代還是現代，資訊傳播雖然不一定能為人們帶來直接的經濟利益，卻能讓人獲得聲望，以及間接獲得其他利益。古人雖然沒有「社交貨幣」這個概念，卻對社交內容中隱含的價值也有特別的洞見。

一、人們期望獲得社交貨幣

比特幣（Bitcoin）作為一種虛擬資產，曾吸引了無數的投機客。然而，比挖掘比特幣還讓人瘋狂的，就是鑄造「社交幣」。

哈佛大學的神經科學家做過一個實驗，把腦掃描器放在被測試者的腦部，然後讓他們在社交媒體上分享各自感興趣的內容，例如寵物、小嬰兒或體育活動。科學家發現，被測試者在分享個人資訊時的腦電波，與他們獲得錢財和食物時的腦電波活動得一樣強烈。這個實驗得出的結論是：自由表達和披露資訊，本身就是一種內在的獎勵。

我們對社交貨幣的熱愛已經失去了控制。我們肆無忌憚的聊著娛樂明星和新聞名人的八卦，甚至還會談論電視劇中虛構人物的故事。

Instagram、臉書在為數以億計的使用者提供各種服務的時候，也提供了各種社交貨幣獎勵。人們透過在 Instagram 上發布照片、寫臉書，來期待屬於自己的那份社交認同。這種精神獎勵帶來的快感會讓用戶念念不忘，並期待得到更多。

社交貨幣，其實是一種社交犒賞，抑或是部落犒賞，源自我們和他人之間的互動關係。這種獎賞的籌碼，例如轉發量、點讚數、評論數等在適當的條件下可以變現。人是社會化的動物，彼此依存。為了讓自己被接納、被認同、受重視、受喜愛，我們的大腦會自動調適以獲得犒賞。

我們在社交媒體上發布各種內容，是因為我們能夠借助它們來鞏固自己的社交關係。我們在臉書發各種動態，主要意圖有兩個，一是晒，二是分享。

晒和分享的意思大致一樣，指的都是我們透過發布資訊，展示我們的生活方式、生活態度和精神面貌。一個人晒或分享出來的東西，其實是他自我意識的理想狀態，通常是源於生活，高於生活。

假如一個人天天吃滷肉飯，那他其實不太會在網路上發自己在吃滷肉飯的圖片。假如這個人某天吃了一次日本料理，那麼他很可能會拍下來晒到網路上。

晒孩子、晒貓狗、秀恩愛的人的心理是這樣的——我希望透過這些資訊，來展示我是一個熱愛生活、健康快樂的人。由此，我們的大腦會獲得社交型犒賞。

二、社交貨幣比金錢更具吸引力

二〇〇七年，一家名為 Mahalo 的問答網站問世了。與以往的問答網站不同的是，Mahalo 為了激勵用戶在網站上多提問和回答問題，推出了自己獨創的金錢獎勵系統。

首先，在 Mahalo 網站上提問的使用者需要懸賞才能提問，也就是提供一筆網站內發行的虛擬幣作為賞金。接著，其他用戶可就問題提交答案，最佳答案提交者將獲得這筆賞金，並可將其兌換為現金。

Mahalo 在夏威夷方言裡是「感謝」的意思。Mahalo 網站的創始人認為，這樣的獎賞模式，猶如一個經濟體系，有助於激發人們的參與熱情，並增強網站的黏性。

剛開始，懸賞提問的方式確實奏效，Mahalo 的新用戶呈爆發式增長。然而金錢激勵帶來的熱情無法持久，人們的參與熱情慢慢冷卻下來。儘管用戶能夠從這個問答網站中獲得金錢，但是這種單純的經濟刺激手段似乎不具備持久的吸引力，除非金錢獎賞能夠持續不斷的提升，但那最終會超出網站的承受能力。

在 Mahalo 的成長瓶頸期，另一家問答網站看到了其中的機會。二〇〇九年，臉書前員工查理．切沃（Charlie Cheever）和亞當．安捷羅（Adam D'Angelo）成立了一家名為 Quora 的網站。查理．切沃和亞當．安捷羅都是做社交網站出身的，深諳人的社交天性。

Quora 這個詞就是由「Quorum」一字而來，Quorum 有仲裁、法定人數等含義。由此可以看出，從一開始，Quora 的創始人就為它設定了社交基因。這也告訴我們，此網站對於答案的判定是靠鄉民投票決定，而不是由提問者做出最終決定。

作為一個社交型問答網站，Quora 綜合了 Twitter 的粉絲功能、維基百科的協作編輯、Digg（按：以科技為主的新聞網站）的網友投票等模式，因此能夠很快收穫成功。有別於 Mahalo，Quora 沒有給提交答案者獎勵過一分錢。但人們仍對 Quora 表現出極大的熱情。

Mahalo 的創始人顯然是把「問答」視為一個供需市場，覺得給回覆問題的用戶提供金錢獎勵，可以增強他們的積極性。畢竟，誰不喜歡錢呢？

但是，純粹解惑型的有償問答，並不是一個高頻率的需求，反而是那些免費的，帶有互動、討論意味的問答出現的次數最多。很多時候，問題（話題）本身甚至比後面的解答更有價值。

此外，人不僅是經濟動物，還是社會動物。Mahalo 的創始人對於人性只猜對了一半。Mahalo 的創始人最終發現，人們訪問 Quora 網站並不是為了獲取金錢，而是為了獲得一種叫社交貨幣的東西。

Mahalo 的金錢激勵模式，觸發的只是人們心中想要獲得金錢的欲望。但是這種金錢激勵並不足以帶動人們持續的積極性，因為收入和付出常常不成正比。Quora 觸發的是人們心中一種比較好的體驗，如眾人按讚、粉絲增加、遊戲升級等，給人帶來的愉悅感遠比那點兒獎金更誘人。

Quora 設計的投票系統可以讓使用者對滿意的答案投出贊成票，從而建立起一套穩定的「社交回饋」機制。比起 Mahalo 的真實貨幣，Quora 的社交貨幣更有吸引力。

Quora 之所以能成功，是因為它對人性有更準確的理解。事實證明，**人們對於社交貨幣的渴望要大於對真實貨幣的期待**。這也是「知乎」（按：中國問答網站）能夠成功複製 Quora 模式的根本原因。

三、社交本幣

社交貨幣理論是內容行銷的精髓。人們傳統的行銷思路是，做好文案廣告，和媒體搞好關係，就能把商品推廣出去。但現在，遊戲規則已經變了，你如果能做出足夠好的內容，鑄造出社交貨幣，媒體會自動找上門來，或者粉絲們也會免費幫你做宣傳。

八卦、小道消息、傳說、養生祕訣都可以成為人際溝通的潤滑劑。臉書、Instagram、微博等都可以成為展示自我的工具。這些都已經成為人際溝通的軟通貨，可以在人際關係網中流通。

我們對社交貨幣這個概念再深入推導一下，就可以得出社交本幣的概念。社交本幣並非嚴格的貨幣銀行學概念，而是為區分不同平臺暢銷內容的特質而提出的。本幣指的是某個國家或地區法定的貨幣，除了法定貨幣之外的貨幣都不能在這個國家流通。

一般情況下，**在不同的社交媒體平臺上，受歡迎的文章的風格是完全不同的**。人們在不同的社交媒體平臺上，需要呈現不同的自我形象。可以說，正確理解這一點是製造爆款文章的第一步。

一則反映深層社會問題的新聞報導能引爆臉書，但在 Instagram 上不一定能有一樣的流量。當這篇新聞報導發在臉書上的時候，人們能夠在此探討人性、制度等問題。而當這篇新聞報導發在 Instagram 時，人們則會因為它太沉重而不願意去打開或者深度閱讀。

我們還可以發現，一個白天在 Instagram 發自拍照的小女生，可能晚上就變成臉書上的女權主義者；一個五分鐘前還在 Instagram 轉發心靈雞湯貼文的文青男，可能一轉身就變成臉書上的公共知識分子。

我們不用去分析這些人的社交心理，只要知道他們其實在做同一件事——鑄造社交貨幣就行了。

在不同性質的社交媒體平臺上，人們用的社交本幣是不一樣的。有的社交媒體是基於熟人社交，例如通訊軟體 Line。在這裡，我們要面對自己的家人、上司、同事、同學、朋友等，不方便在此發表一些容易引起爭論的東西，所以在這裡呈現的也多是自己的「宴會型人格」。

而有些社交媒體，則是基於陌生人社交，例如臉書、Instagram、微博。在這些平臺上，我們好像立身於一個大廣場中，大家爭相發表自己的觀點，呈現的也多是自己的「廣場型人格」。

儘管平臺與平臺之間可以互相導流，但每個平臺的傳播潛規則大相逕庭。它們之間社交貨幣的差別，就像不同國家使用的不同本幣一樣。

5 社交＝成交

互惠是人類的本能，小到孩童之間的交往，大到國家之間的往來，無不彰顯互惠原則之奧妙。根據亞當・斯密（Adam Smith）所說，互惠和信任是市場原始的形態。將社交與行銷結合起來，是人類的本能。

一、「網紅經濟」的變現

每個成功的網路紅人，都是能持續為鄉民提供有養分的資訊的人。如果一個網路紅人陪伴我們很久，但我們又沒有相應的美貌、才華、幽默感、故事、勇氣等回報他，我們只好去打賞他或者買點他的商品。或者，當他向我們推薦東西時，我們選擇一個信任他的機會。

打賞之所以可行，是因為我們大部分人都受互惠法則支配。我們在電視上看過很多賣藝的場面，不論是表演雜技還是武術，都是先表演完再請觀眾打賞。這種打賞，其實就是一種互惠。

在中國，網路文學最先把這種快要被遺忘的商業模式給救了起來。網路寫手們在各種網站上寫東西，讀者看完後覺得好，可以打賞一些錢，給多給少完全取決於讀者的意願。然後，網站與寫手按比例分這些賞金。

對於內容提供者，打賞是繼會員付費、包月等收費模式，另一個確切可行的商業模式。各大直播平臺、臉書、微博都或多或少的採用了打賞這種商業模式。

二、社群行銷和社交電商

社交網路、社群行銷是人們對社會關係的模仿。儘管這種模仿很粗糙，卻依然具有很強的吸引力。如果你創造的內容能在社交網路流傳，你就能獲得一定的名聲或其他好處。

由於社交型獎賞的存在，人們對社交媒體也有一種「癮頭」。小米有一個大約二十人的微博核心團隊，負責微博行銷。此外小米還組織了四百個非外包的技術人員和售後服務人員，專門在網路上回答問題，並與網友互動。

雷軍本人也親自上陣寫微博網誌，每天都更新。透過這種低成本、高效率的行銷手段，小米在剛創立不久，就具有了良好的口碑。透過微博行銷，小米第一年就在網路上賣掉了幾百萬臺手機。

社交媒體的興盛，逐漸演化出了一種名為「社交電商」的新物種。隨著線上、線下融合趨勢的日益凸顯，傳統電商已經不能順應時代的發展，而社交電商正逐漸占據市場。比較典型的是以「拼多多」（按：中國社交電商網站，將娛樂與分享的理念融入電商營運中，由用戶發起邀請，與他人等拼單成功後，能以更低的價格買到所有商品，同時也透過拼單了解消費者，透過機器學習來精準推薦商品）為代表的分享社交電商。

正所謂「先做朋友，再做生意」。社交電商——無論你有多厭惡這個帶有點功利性的概念，但**社交與成交的關係一直都存在**。我們談及個人ＩＰ（按：個人智慧財產權，Intellectual Property）時，總會第一時間想到網路紅人、網路主播。但其實，社交電商才是最直接的個人ＩＰ變現形式。

第 10 章

稀缺效應——特權、匱乏與附庸風雅

我們對稀罕商品本能的占有欲，直接反映了人類的演化史。
——心理學博士／羅伯特·席爾迪尼

1 沒人愛平等，人無我有才優越

我們為什麼會迷戀奢侈品呢？因為奢侈品之於我們是一種人造的稀缺資源，我們會體驗到因為擁有稀缺資源而帶來的快感。奢侈品能夠給我們提供一種「晉升型犒賞」。

在所有動物群體中，靈長目動物群體的等級最為森嚴，如獼猴、黑猩猩等都過著等級森嚴的群居生活。研究發現，一群黑猩猩捕到獵物後並不是平均分食，而是由領頭的黑猩猩先吃，次強的黑猩猩分食剩下的部分，其餘的黑猩猩再吃剩下的食物殘渣。

傳統理論認為，原始社會不存在等級觀念和貧富差距。但根據對內蒙古赤峰的紅山文化考古研究發現，原始社會中早已存在著嚴格的等級制度劃分。然而，作為萬物之靈的人類，等級制度更為森嚴。

人類對等級的迷戀，接近狂熱，而且人們普遍迷戀權力和地位，這就不難理解為什麼我們會迷戀奢侈品了。

我曾看過一個紀錄片，在下雪的冬天，日本獼猴的猴王和牠的「近臣」在溫泉裡泡澡取暖，其他猴子只能在岸上迎著風雪受凍，眼巴巴的看著猴王及近臣在溫泉裡逍遙快活。其實，溫泉裡還有很大的空間，足以讓所有的猴子都能取暖。

《影響力》的作者羅伯特．席爾迪尼認為：「我們對稀罕商品本能的占有欲，直接反映了人類的演化史。」那麼到底反映了什麼樣的演化史呢？

我猜想可能是這樣的：那些擁有特權的猴子，肯定擁有更多的進食特權、更多的交配特權，進而也會擁有更高的生存率，於是牠們身體中的這種基因就更為廣泛的傳播。而那些沒有特權的猴子，就算沒有絕種，也會留下痛苦的記憶。於是，經過一代又一代的發展，猴子身上就會演化出一種迷戀特權的本能。

如果這個猜想成立，那麼追求特權的心理其實早已固化在我們的基因裡，成為一種非理性的原始本能。於是，我們開始瘋狂的追求優越感，要吃好的、住好的、穿好的。人無我有才叫優越，這可能就是我們迷戀奢侈品的原因。理論上來說，人人生而平等。然而，社會有階層，階層又有圈子，圈子還具有排外性。人們有時候可能是在利用奢侈品「販賣」等級身分。

在漫長的封建時代，人們生活在一個金字塔式的層級社會中，人們的社會階層被劃分得很清楚。但人們骨子裡還是希望自己的階層能夠不斷上升。塔尖上的人害怕掉下來，於是堅決強調與捍衛自己的特權。塔中部的人希望往上爬，獲得更高階層的接納。塔底部的人也想盡一切方法維持著自己的體面，害怕跌落到更加困窘的地步。

於是，人們就在奢侈品上暗自較勁。人們購買奢侈品，其實就是在購買一種「晉升勳章」，以此緩解自己的身分焦慮。

一些專家認為，日本消費者喜歡買奢侈品，這背後還有更深層的社會學因素。

在日本，曾經流行一個「一億總中流」的說法，不少日本國民認為，日本是一個無階級的社會，八五％的日本人將自己定位在中產階級。此外，日本人以全民一致為榮。從行為行銷學的角度看，透過穿戴帶商標的奢侈品，就如同給自己貼上了標籤和認證標誌，能夠讓自己快速融入社會群體中，達到「合群」的社會要求。

2 稀缺效應，會改變人的判斷

大約四十年前，心理學家史蒂芬・沃爾（Stephen Worchel）進行了一項實驗，他將兩個相同的玻璃罐擺在受試者面前，然後在其中一個罐子裡裝十塊餅乾，另一個罐子裡裝兩塊餅乾。他想知道人們會更珍惜哪一個罐子裡的餅乾。

其實，兩個罐子裡裝的餅乾是同個牌子，玻璃罐也一模一樣，但受測者顯然更珍惜只裝兩塊的那一罐餅乾。

正所謂物以稀為貴，量的多少影響著受試者對餅乾的價值判斷。只有兩塊餅乾的玻璃罐意味著它已經變成了稀缺品。稀缺會傳遞出一種信號，讓人有一種錯覺，認為這種東西較少，所以更顯珍貴。所以說，稀缺會改變人們的判斷標準，增加對一件事物的價值預期，這就是稀缺效應。

後來，史蒂芬想要知道，如果餅乾的數量突然增加或減少，受試者對餅乾的價值判斷是否會改變。於是，他又在幾組受試者面前分別擺放好裝著十塊餅乾和兩塊餅乾的玻璃罐。接下來，他從裝有十塊餅乾的罐中拿走八塊，放入只有兩塊餅乾的罐子裡。他想看看，這一改變是否會影響受試者的判斷。

結果表明，稀缺效應依然存在。人們會更加珍惜突然變少的那罐餅乾，而對突然增多的那罐餅乾滿不在乎。事實上，面對突然增多的餅乾，人們做出的價值判斷，比一開始就被分到十塊餅乾時的價值判斷還要低。

人們對稀缺性的東西比較關注，這是奢侈品行銷的一個關鍵點。

3 特權的吸引力，不亞於錢

如果不是明確規定，奢侈品專賣店一定不會公開標價。即便不得不標價，也會把價格標籤以及價格標籤上的字，盡量設計得小一點。

若顧客對奢侈品感興趣，就會詢問店員商品的價格，此時，店員會非常有禮貌的給予答案，那麼這件商品的成交可能性將會增大。如果顧客對這件奢侈品不感興趣或者沒有錢購買，那麼他們就不會主動詢問店員商品的價格，這樣就等於把沒有購買力的顧客區分在外了。

除了把願意購買的顧客和不願意購買的顧客區分開，奢侈品銷售商還會把購買力強的顧客和購買力弱的顧客區分開。比如，LVMH 集團（Moët Hennessy Louis Vuitton）會在有些國家設立私人俱樂部，只允許代表時尚的富人加入。

勢利眼和等級歧視是確實存在的，而且由來已久。出人頭地，就是我們的動力；享受特權，乃是我們的欲望。特權對人的吸引力，並不亞於金錢。哪怕是在一個虛擬的遊戲社群裡，虛擬權力的誘惑同樣令遊戲者嚮往。

網上有一個名叫 Steemit 的區塊鏈社群，該社群還設計了一種能賦予特權的代幣，名叫 Steem Power，簡稱ＳＰ。它是衡量一個人在 Steemit 社群影響力的一種代幣。

一個人擁有的ＳＰ越多，他就越能夠影響別人文章的價值。一個高ＳＰ者給你按讚或評論，會使你的文章被賦予更多的價值和權重。

這種行銷模式也被某些中文內容平臺借鑑。在內容創作者之間，流傳著一種說法叫「按讚即轉發」，也就是說，你發的內容如果被某個「大Ｖ」（按：指在微博平臺上獲得個人認證，擁有眾多粉絲的用戶）按讚了，就像是被這位大Ｖ轉發貼文了一樣，會被他所有的粉絲看到。

這種特權感讓大Ｖ們的按讚行為也變得矜持了。有鑑於此，「特權階層」還自發聯合起來，建立各種「萬粉群組」、「十萬粉群組」，因為同等級的大Ｖ之間互相按讚，才不會覺得吃虧。

4 利用匱乏控制他人，十拿九穩

匱乏會導致欲望。很多人會在欲望的階梯上攀登，以便達到他們的目的。西班牙哲學家巴爾塔沙．葛拉西安（Baltasar Gracián）曾說：「匱乏狀態使人產生欲望，利用這種欲望去控制別人，十拿九穩。」

哲學家們說匱乏算不了什麼，政治家們則說匱乏至關重要。政治家能夠看穿別人的匱乏之狀態，用製造困境來刺激這些人的欲望。他們發現，匱乏帶來的刺激，強於富有帶來的刺激；情勢越艱難，欲望越強烈。

齊桓公曾問管仲：「怎樣才能跟上時代潮流？」管仲回答：「最好的辦法莫過於搞好奢侈經濟。」管仲很推崇珠玉之類的奢侈品，認為它們甚至比黃金、錢幣之類的東西對國家更有用。以管仲的地位（齊桓公尊他為仲父），他完全可以視珠玉為糞土，但是管仲卻表現得像個暴發戶一樣，身上總是戴著珠玉等飾品。不知道他是真的喜歡這些東西，還是用來作秀的。管仲的生活非常奢侈，從國家統治利益著眼，這其實是一種很高明的增加國庫收入的方法。

管仲喜歡穿珠戴玉，齊國人都會跟風。但這些珠玉又大多被國家壟斷，所以人們為了獲得珠玉就會購買，那麼大部分的金錢又會流向國庫。管仲深知，珠寶玉石，飢不能食，寒不能衣，但這是他進行「貨幣戰爭」的利器。

後來，管仲建議齊桓公占領「陰里」這個地方，因為這個地方能出產一種玉石，這種玉石造的玉璧曾經被周天子拿來祭祀宗廟。於是，齊桓公下令將此處團團圍住，讓工匠在此地製作玉璧。在管仲的建議下，齊桓公「尊天子以令諸侯」。管仲借周天子之口宣布：照傳統禮儀，必須帶著玉璧，才能進太廟祭祀。

天下諸侯繁衍了幾百年，具有貴族血統的人越來越多。但是，如果沒有陰里玉璧，即使有貴族血統也不能進太廟祭祀，就得不到身分的認證，進而產生「身分的焦慮」。

天下諸侯都沒有陰里玉璧，陰里又被齊桓公重兵把守，諸侯只好掏錢購買。於是，諸侯的錢都紛紛進了齊國的國庫。管仲把奢侈品的生產和銷售當作重要工作來實行，而這其實是處理國家與民眾利益分配關係的一種上等模式。

奢侈品還是平衡國民收入的一種手段，在管仲看來，購買奢侈品就是繳納收入調節稅，將奢侈品當作一種稅收調節工具，是讓富裕階層乖乖繳稅的神器。

5 賣奢侈品的第一守則：攀龍附鳳

金字塔上層的人的穿著，就是時尚的風向標。《齊桓公好服紫》是中國古代的一則寓言故事，說的是齊桓公喜歡穿紫色的衣服，齊國都城裡的人便都穿紫色的衣服。於是，齊國的一些布商就把庫存的白布染成紫色，漲價十倍賣出，依然暢銷。

齊桓公對此很苦惱，問管仲怎麼辦。管仲說：「你只要不再穿紫衣，再公開表示對紫衣的厭倦，就可以了。」

管仲認為，奢侈風尚的第一源頭是宮廷。宮廷是財富、權柄、榮譽的最高點，也是社會風尚的發源地和指標。讀懂了宮廷文化對經濟的影響，就抓住了奢侈品行銷的關鍵。

現代意義上的奢侈品，起源於十五世紀末的歐洲宮廷。那時宮廷中有專門的服飾工匠為王室、貴族成員服務。我們今天看到的許多奢侈品牌，如LV（Louis Vuitton）、愛馬仕（Hermès）、卡地亞（Cartier）等，其實都是當年的匠人為王室製造的。

在歐洲，伴隨著工業革命發展，資產階級興起，原有的等級結構難再維繫，新興資產階級只要花錢就可以買到爵位。這個時候，老貴族要強調他們昔日的榮耀，資產階級新貴要證明自己配得上剛剛擠進去的那個上流社會，中產階級則努力成為合格的紳士和淑女。

財富新貴們的目標是被老貴族們接納和認可，所以他們買到爵位後的第一件事，就是在穿戴上向老貴族們看齊。於是，手工製品作坊成了時尚產業的源頭，原本為王室提供服務的工匠製作的服飾，成為非富即貴的標誌。

一直到十九世紀末，很多奢侈品依然專屬於貴族與名門。愛馬仕這個品牌誕生於十九世紀，最初是一個家族作坊，是為王室生產鞍具起家的。所謂的奢侈品，都有著或真或假的品牌傳說，這些傳說大多附會於皇權。

甚至到一九五七年，「現代時尚之父」克里斯汀．迪奧（Christian Dior）在接受媒體採訪時，依然堅持時尚奢侈品是特權階層的最後避難所，「應該被小心翼翼的捍衛」。

奢侈品營運的一個基本策略就是「攀龍附鳳」，把奢侈品與宮廷或大政治家建立某種情感的關聯，進而對大眾進行「情感印刻」。

將現代奢侈品行銷帶入一個新境界的人，乃是進化論奠基人達爾文的外公——約書亞．威治伍德（Josiah Wedgwood）。他充分挖掘了奢侈品的商業價值，向大眾行銷奢侈品。後世奢侈品產業的行銷方法，從未跨越這道高牆。

那時候，中國產的瓷器在英國是一種奢侈品。英國王室的御用瓷器，多是從中國進口的。在英國人看來，只有中國生產的瓷器才算正宗。這就像今天的中國人非要買歐洲品牌的皮件一樣，儘管很多皮件都是在中國生產的，只是貼上了歐洲的商標而已。

英國資產階級革命後，確立了君主立憲政體，英國王室依然保留，貴族階層也依舊存在。但王室不再像以前那麼風光，購買力也有所減弱。這個時候，他們開始購買一些本國出產的瓷器。王室之所以願意用「國貨」，都是衝著便宜去的。

王室的人都是一幫難伺候的主兒，他們眼界高，挑剔。由於王室人數少，因此訂單的量也小，難以規模化生產。所以，英國的瓷器生產商都不願接他們的訂單。

這時，只有威治伍德願意接受這種訂單。作為交換條件，王室特許他可以大量生產這種專供王室用的瓷器，還特許他把「皇后御用」的落款打在瓷器的底部。王室採購之後剩餘的瓷器，威治伍德才可以出售給一般大眾。

這等於王室免費為他做了權威背書，威治伍德製作的這批瓷器，在向王室交完貨後，開始以超高價格向公眾出售。這個時候，他的瓷器遭到了瘋搶。整個歐洲，不管是達官貴人還是新富階層，都以能擁有一套英國王室御用的瓷器宴客為榮。

有了英國王室的代言，威治伍德的生意蒸蒸日上。現在，他生產的瓷器，定價比很多中國產的瓷器都高。

6 老朽奢侈品牌開始借屍還魂

一九六〇年代，西方國家爆發了左派學潮，追求平等成為主流價值觀。此時奢侈品被很多人認為是一種腐朽沒落的東西，於是這種區分富人與窮人的「符號」開始被消解。如今風頭強盛的幾大奢侈品牌，都曾有過一段灰暗的歲月，甚至一度徘徊在倒閉破產的邊緣。

一九八〇年代，美國的菁英制度進入全盛時期，隨著新富階層的崛起，「自由」的風頭蓋過了「平等」，代表昔日榮耀的奢侈品又捲土重來。

資本家從中窺見商機，收購、兼併了一批歷史上曾經為王室加工服飾的手工作坊和家族企業，並形成了以LVMH為代表的奢侈品集團。歷史文化底蘊是資本家收購它們的價值所在，許多歐美奢侈品買家都是衝著這個昔日舊夢而去的。

資本讓這些老朽的品牌起死回生。在一九六〇年代已經沒落的寶璣錶（Breguet），在被斯沃琪集團（Swatch Group）收購後，開始控制高級機芯的供貨管道，大力發掘品牌歷史——搬出拿破崙和邱吉爾。甚至以一百九十五萬法郎（按：約新臺幣六千零八十萬元）的高價購回一只在一八〇八年生產的陀飛輪錶，不惜花巨資建立了一座寶璣錶博物館。

經過一番轟轟烈烈的品牌造神運動，寶璣錶重新樹立了奢侈品的品牌形象。

透過現代化的行銷、公關手段，原來的家庭作坊被整齊劃一的專賣店所代替。一些複雜、難以記憶的品牌名字，也被簡化為易於記憶和傳播的名字，例如Burberrys被改寫為Burberry，克里斯汀·迪奧簡稱迪奧。

在資本的加持、行銷的推動下，原來的奢侈品家庭作坊，迅速成為開遍全球各大都市的連鎖店。

喜歡奢侈品是人的一種天性，人性中的附庸風雅，以及想要裝闊的衝動，會成為一股強大的消費力量。一些老朽的奢侈品牌也終於等到了「鹹魚翻身」的機會。

7 精品賣的不是精品，是故事

封建時代一去不復返，宮廷已經不是奢侈品、時尚的唯一發源地。如今，各個領域都有影響力強大的無冕王者。政治家已經不是人們模仿的唯一對象。文化、體育、經濟等領域各有菁英翹楚，皆能引領風騷。

天青石是一種價格很便宜的礦石，原本每噸價格不超過五千元。但自從王菲被媒體拍到戴有天青石的手鏈後，這種礦石製作的手鏈立刻身價翻了幾十倍。

奢侈品牌捆綁超級巨星、大牌設計師、藝術界翹楚，不過是為了「講故事」，這些都是一種公關手段。

一些品牌如凡賽斯（Versace）、香奈兒（Chanel）、馬克．雅各布斯（Marc Jacobs）等，都是透過名人背書效應成為精品品牌的。還有一些精品品牌的創始人本身就是著名設計師，是很善於打名人牌的公關高手，又有很多名人人脈，例如香奈兒的朋友中就不乏畢卡索

（Pablo Picasso）之類的文化菁英。

精品商還把自己的商品自詡為「文化和創意產業」，他們會延聘合適的設計師，用高雅的藝術為商品鍍金，例如 LV 聘請日本藝術家村上隆設計產品。此外，LV 還經常租用大型博物館的場地，開辦以自己品牌冠名的奢侈品藝術展覽。

精品、奢侈品的主要運作方式為：發掘歷史，追尋這種品牌昔日的榮耀；突出特質，尋找合適的設計師；利用資本推動以及強勢媒體，包裝推廣。利用這種方法，LVMH 奢侈品集團的董事長貝爾納・阿爾諾（Bernard Arnault）成功拯救了一批行將就木的奢侈品牌。

從這個意義上來說，幾乎所有品類的日用品，都能透過攀龍附鳳或者附庸風雅的方法，打造成奢侈品。

Moleskine（鼴鼠皮）品牌的筆記本，被認為是筆記本中的「愛馬仕」。一個小小的純白色筆記本，要價近千元。而它的賣點就是反覆給消費者講同一個故事：

「兩個世紀以來，梵谷（Vincent van Gogh）、畢卡索、海明威（Ernest Hemingway）及布魯斯・查特文（Bruce Chatwin）等藝術家及思想家，都用這種筆記本。梵谷居住在巴黎期間，先後用過七本 Moleskine 筆記本，裡面記載著他全部的手繪草圖……。」

第 11 章

奢侈成性——
體面與暗湧的欲望

時尚，一切都是為了性。

——美國時裝設計師／湯姆．福特（Thomas Carlyle Ford）

1 「性」是資本主義的原動力

性聯想會對我們的大腦進行獎賞。研究表明，當賭博者贏了錢，或男性看到性感美女的圖片時，大腦依核中多巴胺的分泌量會增多。然而，無論是東方還是西方，用「性」來贏得商業利益或政治利益，都是主流價值觀不太認可的。

雄性動物透過展示力量來求偶，男人也是雄性動物。一個男人喜歡一個女人，會不由自主的做出一些浮誇的行為，來擄獲女人的芳心。

德國經濟學家維爾納・桑巴特（Werner Sombart）指出，如果一個地方的ＧＤＰ提高，性觀念又恰巧變得開放，那麼這個地區的奢侈現象就會變得特別嚴重。

女人對物質有無止境的欲望，男人又對女人有無止境的欲望，財富和自由滿足了各種欲望，進而催生了奢侈之風。

隨著中世紀宗教禁欲主義消退，歐洲人的性觀念越來越開放，這導致了大量婚外情出現。到了十六世紀，這一現象更為嚴重。

這一時期，年輕男子急切渴求英勇的「冒險」，這種冒險與其說是出於生理需要，不如說是為了展現性能力。

社會上如此，宮廷尤甚。大部分貴族都開始養情婦，他們花在情婦身上的錢，甚至超過了花在正室和自己身上的錢。

在桑巴特看來，工業並不是大都市繁榮的內在動力，浮誇、虛榮和奢侈才是資本主義發展的原動力。五星級飯店、歌劇院的產生，以及各種美食的流行，欲望在其中起到了一定的催化作用。

資本主義很可能起源於奢侈消費。而較早發展資本主義的大城市，基本上都是消費型城市，比如巴黎、米蘭、馬德里。

2 視覺刺激決定一切

實驗證明，男性顧客更願意購買包裝上印有美女圖片的商品。如果在一個男人面前展示一張女人的性感圖片，他的消費欲望就會明顯上升，而且對價格也就不那麼在乎了。

國外的另一項研究發現，汽車廣告中有出現年輕漂亮的女模特兒與沒有出現相比，男性們往往會覺得前一個廣告中的汽車更好。但事後問及此事，男性大多拒絕承認廣告中的年輕漂亮的模特兒，影響了他們的判斷。

穆拉伊特丹（Sendhil Mullainathan）是哈佛大學教授兼頂級行為經濟學家，在二〇〇三年，他組織了一個研究小組，做了一次極為大膽的實驗。穆拉伊特丹得到南非某大型銀行的許可，在垃圾貸款推銷郵件中做了一點改動。

穆拉伊特丹測試了在郵件中附加照片的效果。他們從圖庫中找出有魅力的人的照片，放在郵件的右下角靠簽名的旁邊。這含蓄的暗示，照片上的人是一名銀行職員，說不定這封信就是他（她）寫的。

有一半照片是男性的，另一半是女性的。一部分客戶收到的郵件照片跟自己同一性別，另一部分客戶收到的則是異性的照片。由於種族也是南非社會中普遍存在的一個社會因素，因此他們也測試了這一點。

大家都知道，客戶接受低利率貸款的可能性要比高利率貸款的可能性大。透過跟蹤客戶對特定郵件的反應，研究人員發現，性別是有影響的，種族則不然。更嚴格的說，性別效應明顯存在於男性客戶中。

在高利貸郵件中，如果信件中有女性的照片，男性客戶會更容易接受貸款。而對於女性客戶來說，有沒有照片，基本上沒有什麼影響。

3 性感行銷好比玩火，要注意

行銷史上最早玩性感行銷的是麥當勞，恐怕絕大多數人都不知道這件事。有一段時間，麥當勞僱用了大批女服務員派送食品，這些女服務員都很性感。於是很多青少年受這些性感女服務員的吸引，成了麥當勞的常客。

這些荷爾蒙過剩的青少年皮夾裡沒有幾個錢，惹是生非卻非常在行。他們劃定勢力範圍，不僅趕走了成年男性顧客，還把那些受他們騷擾的女性顧客嚇跑。無奈之下，麥當勞只好解僱了那些性感的女服務員。

不僅麥當勞，甚至連可口可樂也曾用妖豔的女郎做海報宣傳，但這種宣傳方式，最終被可口可樂公司明文禁止了。如果性感行銷真的利大於弊，那麼它早就該成為行銷方法的主流，但事實並非如此。

當然，在符合善良風俗的紅線內，有些商品的行銷還是適合走性感路線的，例如「維多利亞的秘密」（Victoria's Secret）內衣廣告，就使用了美豔的女性模特兒。維多利亞的秘密內衣的廣告商，已經將性感行銷提升了一個層次，它的廣告風格常常是介於性感與藝術之間。

性感行銷適用於內衣、汽車等商品，但其中也不乏鎩羽而歸的案例。

一、謹慎使用性感行銷

曾擔任古馳（Gucci）設計師的湯姆．福特曾說：「時尚，一切都是為了性。」一九六八年，時裝設計師卡爾文．克雷恩（Calvin Klein）創造同名品牌（以下簡稱ＣＫ）而出名。ＣＫ是較早將性感與時尚相結合的一個品牌。ＣＫ創立之初，曾邀請性感女星布魯克．雪德絲（Brooke Shields）代言。廣告中，年僅十五歲的雪德絲用魅惑的音調說：「我和我的ＣＫ牛仔褲之間零距離。」

這句廣告詞其實是受香奈兒五號香水的啟發。當年瑪麗蓮．夢露（Marilyn Monroe）的一句「我只滴幾滴香奈兒五號」，就大大提升了這款香水的銷量。「我和我的ＣＫ牛仔褲之間零距離」與「我只滴幾滴香奈兒五號」一樣，總能讓人浮想聯翩。

「我和我的ＣＫ牛仔褲之間零距離」旨在表現ＣＫ牛仔褲的柔軟性和舒適性，但其傳達出相當多的情色意味。這則廣告之後，ＣＫ牛仔褲的每月銷量超過了兩百萬條，ＣＫ品牌迅速崛起。在嘗到性感行銷的甜頭後，ＣＫ就在這條路上越走越遠。

一九六八到一九八四年間，CK邀請性感明星做廣告的花費已經達到每年十億美元。這些帶有煽動性的廣告，最終激起了公憤。公司代言人布魯克・雪德絲甚至遭到了部分主流媒體封殺。但是，CK的銷量不降反升。

一九九五年，CK決定冒險一搏，進一步突破廣告的尺度，推出了一系列接近於情色的廣告。這種挑戰公序良俗的行為，澈底激怒了美國民眾。美國家庭聯合會呼籲美國的各大零售商，不要再出售CK服飾。美國司法部也著手立案調查CK。

於是，CK停播了廣告，透過一系列的公關活動進行辯解。但是，CK仍然「死性不改」。因為它的品牌調性已經確定，不走性感路線，CK就不是CK了。可以說，性感行銷就是玩火，成也蕭何，敗也蕭何。而並不是所有的商品都適合走性感路線。

二、性感行銷不是長久之計

Abercrombie & Fitch（以下簡稱AF）是一個靠性感行銷搏出位的美式服裝品牌，它崇尚學院風，推崇舒適、自然、野性，給人一種放蕩不羈的感覺。

當你走進一家AF專賣店時，你會發現店內四面的牆壁上都是穿著熱褲、露出六塊結實腹肌的男模，而且店鋪裡的售貨員都很漂亮、性感。AF相信，性感的人會吸引更多性感的人。

店長會花費大量時間在本地院校的大型社團、聯誼社團、運動社團中，尋找長得好看的年輕人當店員，候選人名單還要交到總部審核。AF堅持以瘦為美，故不賣XL或XXL等大尺碼女裝。可以說，AF承載了一九九〇年代美國青少年關於「酷」的全部幻想。

性感行銷或許對處於青春期的男孩子比較有吸引力，但能夠觸發某些人消費行為動機的特質未必適用於另一些人。麥當勞曾經透過性感女服務員吸引了大批社會青年，但這讓其他消費群體感到尷尬。所以AF的做法引起了部分父母們的抱怨。

後來，AF慢慢開始衰退。到二〇一五年，AF的銷售額連續下滑十二個季度。這個成長迅速、坐擁龐大粉絲群體的品牌連續遭遇盈利下滑後，也不得不拋棄過去賴以生存的行銷策略。

AF決定停止性感行銷，並進行一次大的品牌調性變革。品牌商決定將全部的注意力用在產品、客戶體驗以及流行趨勢上面。行動網際網路時代，資訊流通的壁壘被打破，性感對於青少年的吸引力也有所下降。

行銷策略的轉變，是出於「整合資產，守住基本盤」的考量。當年青睞該品牌的青少年已長大，他們曾經認為「酷」的風格，已經不再適合他們。所以，AF的當務之急是挽回當年的老客戶，如此才有活下去的機會。

在其新推出的廣告裡，所有的模特兒不再穿著暴露，且都露出燦爛的笑容，畫面中有鄉村公路、湖邊小屋等場景，暗示著一種成熟、內斂的調性。廣告中的一切似乎都在向顧客傳達AF不再是「叛逆的青少年」，未來會是一個成熟的品牌。有些人放棄了性感，有些人還在堅守，而堅守者需要在創新上下足功夫。

以「大尺碼性感」著稱的泰斯・霍麗德（Tess Holliday），是登上義大利VOGUE雜誌的大尺碼模特兒。她之所以在社交媒體上成功吸睛，並獲得品牌代言，是因為她恰好迎合了年輕女性長期以來對於「紙片人」模特兒的反感。

以性感著稱的內衣品牌維多利亞的秘密，也推出了「運動也可以性感」的運動內衣，代表著對性感概念的重新詮釋。

二〇一一年，《花花公子》（*Playboy*）為了能夠進入臉書、Instagram和Twitter等社交媒體平臺，已經對部分內容進行了處理。經過處理後的《花花公子》雜誌，內容更乾淨，更具有現代化的風格。

《花花公子》的負責人解釋道，當所有人都能在網路上輕鬆找到性感的圖片，《花花公子》沒有必要繼續承擔這項任務，可以把精力放在那些受眾更廣的領域上。

當《花花公子》已經拚命給自己的模特兒「穿上衣服」，當維多利亞的秘密、AF等把性感行銷玩得最上手的服裝品牌，都紛紛改變行銷策略的時候，一切都說明了性感行銷並不是長久之計。

第 12 章

定位不如定「味」——可口可樂這樣發跡

可口可樂 99.61%是碳酸、糖漿和水組成。
如果不進行廣告宣傳，那還有誰會買它呢？
——可口可樂之父／羅伯特．伍德拉夫

1 可口可樂的暢銷，源自人性

有人說，想要研究企業慣用的成癮模式，只需要觀察兩個集大成的行業——遊戲業與食品業。所謂癮品，是指食用後可以產生依賴性，成癮度低於毒品的消耗物。菸、酒、茶、咖啡、檳榔，甚至辣椒、糖、鹽都可以歸納到癮品的範疇中。

消費者行為學專家帕克・安德席爾（Paco Underhil）在《花錢有理》（*Why We Buy: the Science of shopping*）一書中說：「食品行業（含飲料）是衝動消費發生率最高的行業，衝動消費在這裡占了六〇%到七〇%。」

超市貨架上的食品有很多種，大致可以歸納為以下幾類：高糖、高鹽、高脂、麻辣等。這些食品不過是花樣百出的利用了糖、鹽、油、辣椒等來刺激人們大腦的獎勵中樞，誘導人們購買。

我們之所以會購買這些重口味的食品，不完全只是為了果腹，也可能是為了追求鹹、甜、鮮、辣的味覺刺激，進而讓人產生快樂的感覺。

墨爾本大學（The University of Melbourne）的德瑞克・丹頓（Derek Denton）教授認為：人對鹽的本能需求，會促使大腦生成對鴉片、古柯鹼上癮同樣的神經結構。

巴菲特曾坦言，自己最滿意的投資是時思糖果。為了推廣自己所投資的癮品——可口可樂和時思糖果，巴菲特自稱每天都喝大量的可口可樂，吃很多時思糖果，但是自己的身體依然很好。

一百多年前，約翰・彭伯頓（John Pemberton）深信自己發明的可口可樂一定能大賣。雖然他未能在有生之年親眼看見可口可樂暢銷全球，但在過世之後，他的願望實現了。

曾經，無論是在城市還是在鄉村，我們總能看到賣祕方藥的廣告。這其中也許有一些確實能治病，但大部分都是利用了人們「病急亂投醫」的心理才得以存在。

一百多年前的美國，也有過類似繁榮的「野藥經濟」。那時美國的醫病關係很緊張，醫院流行「放血療法」，或者直接用鴉片給病患治療。因而患者普遍不信任醫生，所以各種家傳祕方、偏方大行其道，美國政府也樂意為這些家傳祕方、偏方登記專利。

外來的和尚會念經。那時在美國最流行的一種神奇藥草是，來自法國的一位名叫馬利安尼（Mariani）的江湖郎中製作的藥酒。據說，羅馬教皇晚年常喝他的藥酒，最後活到了九十三歲。這種藥酒被稱為「馬利安尼酒」（Vin Mariani），主要成分是古柯葉——提煉古柯鹼的主要原料。

馬利安尼酒流行後，美國市場上出現了很多山寨貨，有些山寨貨甚至做得比原版更有效。因為某些模仿者乾脆不放古柯葉，而是直接往酒裡面放提煉後的古柯鹼，所以藥效更加強烈。

當時人們還沒有意識到古柯鹼的危害，甚至普遍把它當作一種良藥。這個時候，南北戰爭中負過傷的老兵約翰·彭伯頓登場了。這個昔日的南方老兵已經選擇遺忘對「北方佬」的仇恨，想辦法賺他們的錢才是自己最想做的事。

彭伯頓曾在戰爭中受過重傷，為了緩解疼痛，他染上了毒癮，所以他對各種成癮性物質瞭若指掌。彭伯頓也是眾多希望靠祕方發財的人之一。他嘗試發明過幾個祕方，並註冊了專利，但效果都不好。於是，他把目光瞄準了大受歡迎的馬利安尼酒，決定發明一種比馬利安尼酒療效更好的古柯酒。

不幸的是，在約翰·彭伯頓的古柯酒研製成功後不久，他所在的城市亞特蘭大開始推行禁酒令。約翰·彭伯頓不甘心就這樣失敗，於是又推出了無酒精的飲品。

這種飲品去除了酒精成分，添加了一些蔗糖，又加入一些具有異域風味的香料，比如中國的肉桂、非洲的可樂籽。這款飲品就是最早的可口可樂。約翰·彭伯頓宣稱可口可樂可以治癒頭疼、胃痙攣、失眠、憂鬱症等。

2 最具殺傷力的宣傳：不滿意無條件退款

約翰．彭伯頓雖然有了可口可樂的配方，卻沒錢量化生產以及行銷推廣，所以需要找合夥人一起創立公司。

彭伯頓本人就是一位癮君子。為了籌集毒資，他不顧紳士風度和職業操守，開始偷賣公司的股份。彭伯頓偷賣過一次可口可樂的股份，自然就會有第二次。後來他以刊登虛假廣告為誘餌，先後騙了三個企業家。彭伯頓說，只要出價兩千美元就可購買可口可樂一半的股份。

於是，可口可樂的股權被拆分得七零八落。後來股東們厭倦了，為了減少損失，他們又找了一些冤大頭，把公司的股份又轉讓出去一部分。最後，他們找到了一個重度偏頭痛患者阿薩．坎德勒（Asa Candler），並告訴他：「可口可樂可以治療你的頭疼。」

阿薩．坎德勒又於一八八八年以五百五十美元的價格，購買了彭伯頓手裡剩下三分之一的可口可樂股權，就這樣他擁有了可口可樂的全部股權。

其實，阿薩．坎德勒這個人才是可口可樂的真命天子。巴菲特在一九九七年波克夏公司（Berkshire Hathaway）股東年會上說：「坎德勒基本上只用了兩千美元就買下可口可樂公司，這可能是歷史上最精明的一樁買賣。」

坎德勒是一個亂世梟雄，他僱用了法蘭克．魯賓遜（Frank M. Robinson）為經理，讓他主管可口可樂的生產經營。可口可樂就是在這兩個人手中發揚光大的。

坎德勒有著過人的銷售天賦，他年輕時曾在藥店打工，在工作中發現了一條規律：顧客一般懶得去退貨。於是，他將這條規律運用到極致，對自己的產品大吹特吹，並且承諾「如果不滿意可以無條件退款」。

「如果不滿意可以無條件退款」這句話最有殺傷力。當時的可口可樂在提神醒腦方面還是多少有點效果的，最重要的是價格並不太貴，所以一般人也懶得去退款。

3 每一口都要產生新鮮感

假設你在一個蠻荒之地，已經餓了三天，這時候有個老先生給你一個燒餅，你很快就吃掉了。他又給你一個，你又很快的吃掉了。當你吃掉第二個燒餅的時候，你有了說話的力氣，胃感覺好受點了。接著，老先生又給你第三個燒餅，你又吃掉了，這時你感到很滿足。過了一會兒，老先生又遞給你第四個燒餅，你可能會說：「謝謝，我已經吃得很飽了。」

這個例子說的就是經濟學中的「邊際遞減」效應。邊際遞減效應是傳統經濟學的一個核心概念。

然而，邊際遞減卻難以解釋成癮現象。例如有些人會循環播放同一首歌，越聽越想聽；有人會對某種食品越吃越上癮。因此，一些企業家很早就開始在癮品領域探索。

當坎德勒購買可口可樂的股份時，可口可樂的股權十分分散，其配方也半公開化了，而且當時坊間至少有十個人可以合法使用此配方。坎德勒雖然也打祕方牌，但這時已不再著眼於祕方，而是著眼於味道。

後來，坎德勒在彭伯頓提供的可口可樂配方基礎上，又加入了一種祕方，即所謂的7X調味料。現今可口可樂中九九%以上的成分來自約翰．彭伯頓提供的配方，剩下不到一%的成分則來自神祕的7X調味料。

坎德勒的行銷策略是，你可以掌握可口可樂的主要配方，但影響可口可樂口味的關鍵配方你不知道。可以說，可口可樂的配方是一個超級配方，之所以稱為超級配方，主要是因為加入了7X調味料。

一九九八年，可口可樂公司的大股東巴菲特，在佛羅里達大學（University of Florida）公開演講時指出，可口可樂那不到一%調味料的祕密：「配方中的一%所產生的神奇效果是——沒有味覺記憶！」

巴菲特曾說過大意如此的話：其他飲料如蘇打水、橙柳汁、汽水等，重複飲用會讓人對其味道產生麻木感，這是因為邊際遞減效應會令人對其產生某種厭惡。但是，可口可樂不會讓人產生厭惡。

在一天裡，即使多次喝可口可樂，每一次喝到嘴裡的感覺還是很奇妙。

所以，產品並非僅靠神祕感就能獲得消費者的青睞，產能、品牌效應、行銷推廣、成品控管都很關鍵。但是，如果能為產品增添一點神祕色彩，確實能對產品的行銷起到推動作用。所以說，7X調味料是可口可樂成功行銷的精髓所在。

很多人都想知道這棕色的液體裡究竟含有什麼物質，為了找到答案，化學家和可口可樂的對手們花費了大量時間，但仍未探究出其中的奧祕。

可口可樂公司拒絕透露有多少人知道可口可樂的完整配方，一般認為不會超過十個人。如果知情者忘了這一配方，他們必須到喬治亞信託公司（Trust Company of Georgia）去找。因為可口可樂的完整配方只存放在該信託公司的保險箱內。

可口可樂的配方一直沒有對外公布，為了保密，有一段時間甚至不惜退出印度市場。

4 快樂，是最強的癮品

很多時候，人們為了獲得快樂，甘願捨棄錢財和健康。

可口可樂前總裁唐納德・基歐（Donald Keough）說：「我們的目標僅僅是給世界各地的消費者提供快樂。」而可口可樂公司的一位廣告商則這麼說：「廣告賣的是幻象，人們喝的不是飲料，而是意境。」

一九二〇到一九三〇年間，是可口可樂廣告的黃金時代。可口可樂公司的廣告負責人阿爾奇・李（Archie Lee），從自己四歲的女兒與玩伴們爭搶破舊的玩具泰迪熊這件事上受到啟發，並得出了一個結論：吸引顧客的關鍵不在於產品本身，而在於對它的宣傳。

當時社會上流行的行銷手段是「恐嚇行銷」，例如展現難看的皺紋，使消費者產生恐懼心理，進而讓消費者購買護膚產品。然而，阿爾奇卻把可口可樂定位成親切、友善的產品，希望可口可樂的廣告能給人帶來快樂、活力。

可口可樂公司後繼的廣告負責人，如比爾·巴克（Bill Backer）和約翰·博金（John Perkins）後來都在電視廣告中採用不同的形式，豐富了阿爾奇的行銷思想。

在一九二〇、三〇年代，可口可樂的廣告宣傳更加趨於感性，在功能性訴求的基礎之上，增添了更多的內容和含義，如歡樂、希望、魅力、活力、友誼等。

為了做好可口可樂的廣告宣傳，一九八二年，可口可樂歷史上最偉大的CEO郭思達用七·五億美元收購了哥倫比亞電影公司（Columbia Pictures）。這讓所有人都跌破眼鏡，因為七·五億美元相當於哥倫比亞電影公司股票市值的兩倍。

大家可能會想，一家飲料公司怎麼懂得製作電影呢？其實，郭思達有自己的打算。這並不是說郭思達想借此躋身娛樂圈，他其實是在為可口可樂公司的長遠發展考慮。

早在一九二九年經濟大蕭條時期，可口可樂公司就嘗試過在電影中置入可口可樂廣告的做法。但郭思達認為，和電影公司合作，要看別人的臉色，不如自己買一家電影公司，這樣就可以在電影裡面隨便置入可口可樂的廣告了。

一年後，哥倫比亞電影公司為可口可樂公司帶來了九千萬美元的利潤。於是，電影也成了可口可樂重要的宣傳陣地。在哥倫比亞電影公司出品的電影中，俊男美女們喝的都是可口可樂，英雄人物更是要喝可口可樂，可口可樂就是「強」的代名詞。

與此形成鮮明對比的是，每當電影中出現消極情節的時候，百事可樂就會出現。而且電影中的壞蛋都要喝百事可樂。

幾年之後，哥倫比亞電影公司沒有了利用價值。於是郭思達把它賣給索尼影視（Sony Pict-ures），而索尼為了獲得控股權，付出了四十八億美元。

消費者已經被訓練得越來越理性了，他們不會因為商家在電視上吹噓商品的幾種功效，就紛紛掏錢。還有一種更極端的情況是，商家越強調功效，消費者就越對此嗤之以鼻。

功效有限，娛樂無限。消費者是感性的，如果消費者想到一款產品時，會感到快樂，那麼這款產品的行銷也就接近成功了。

5 定位不如「定味」

人的記憶分為兩種，一種是感性的，另一種是理性的。我們對聲音、溫度、味道及技能的記憶都屬於感性的。我們學會游泳後，就很難忘記這項技能。故鄉泥土的味道，或許難以名狀，但我們難以忘懷。

人的味蕾記憶是感性的，其強大性遠遠超出人們的理解。大部分人都喜歡吃媽媽做的菜，這並不只是因為媽媽的廚藝很棒，而是因為我們從小就吃媽媽做的菜，這種味道已經形成了我們的味蕾認同。

能夠讓人上癮的東西太多了，例如糖、香菸、酒、茶、咖啡等。無論哪種商品，只要沒有觸犯法律，都可以在市場上販賣，並與其他商品公平競爭。

定位理論對癮品無效，因為成癮性商品的可替代品太多，例如香菸就有幾千個品類共存，而且各自賣得都還不錯。

那麼，人們怎樣區別商品與商品之間的不同呢？味道就是一個非常重要的因素。就拿同一類食品來說，它們只能以自己獨特的風味與同類食品相區分，並獲得自己的優勢。

同樣是賣辣味鴨脖子，北京品牌「哈哈鏡」放了一種特別的調味料，味道略苦；「周黑鴨」則是放了大量的糖，味道略甜。對於這兩種口味的鴨脖子，有些人喜歡味道略苦的，有些人則喜歡味道略甜的。

成癮性的東西會讓我們上癮，有時甚至會帶給我們一定的消極影響。而味蕾記憶則帶有積極、豐富的情感色彩，是一種懷舊的情愫、一種記憶的載體。

第13章

故事的代入與沉浸

一個人只擁有此生此世是不夠的，他還應該擁有詩意的世界。
——中國作家／王小波

1 暢銷是有模式的，只是不能告訴你

王小波在小說《紅拂夜奔》裡曾寫道：「一個人只擁有此生此世是不夠的，他還應該擁有詩意的世界。」人類的大腦是一個追求快感的器官，所以我們發明了種種匪夷所思的辦法來尋找快樂。

成癮現象中尚有許多未解之謎。我們之所以會沉迷於一件事，很可能和記憶有關。但記憶並不可靠，因為記憶會「變形」，比如記憶可能會美化某件事。

為什麼有些音樂會讓人如醉如痴，而有些音樂會讓人覺得厭煩？為什麼有些電視劇會創下高收視率，而有些電視劇卻讓人感覺乏味，收視率極低？也許，有些創作者早已掌握了製造「精神癮品」的祕訣，只是不願與人分享罷了。

世界著名心理學家和語言學家史迪芬·平克（Steven Pinker）認為，正如人造癮品可以刺激我們大腦中的獎勵中樞一樣，文藝作品也可以啟動我們的進化心理機制。史迪芬提出一個重要假設：「文藝作品之所以能夠出現，是因為我們擁有能夠從形狀、顏色、聲音、笑話、故事和神話傳說中獲得愉悅的進化心理機制。」

一位日本圖書策劃編輯統計發現，日本歷史上的暢銷書封面九〇％以上都是暖色調。這個結論也符合我的判斷，我十多年前就發現，當時**市場上的暢銷書大部分都是紅白色調**。

我們為什麼會對暖色調這麼敏感呢？從進化心理學的角度看，因為我們的大腦中有一種被自然選擇設計來尋找成熟果實的色覺機制。我們會被那些具有類似成熟果實顏色的封面所吸引，並且產生愉悅的心理體驗。

如此說來，藝術的本質就是啟動人類的愉悅中樞。悅耳的音樂應該包含某些特定的人造刺激因數。它有時候就像是聽覺式的「奶油蛋糕」，能餵飽我們飢餓的耳朵。

暢銷的小說和電影往往也包含特定的人造刺激因數，其中的語言、情節、內容等都可以啟動我們的進化心理機制，帶給我們愉悅的感覺。

戲劇家喬治．普羅蒂（Georges Polti）曾經提出「三十六種戲劇模式」，這三十六種戲劇模式常被運用於小說、影視等創作中。這三十六種戲劇模式包括：同性競爭、配偶選擇、浪漫愛情，以及危及生命的天災人禍等。它們幾乎可運用於所有的戲劇、小說、故事、影視劇本等情節設計當中，加以巧妙組合，即能獲得非同凡響的效果。

2 我們為什麼會迷戀恐懼？

史蒂芬・金（Stephen King）被《紐約時報》譽為「現代恐怖小說大師」，他的每一部作品都成為好萊塢製片商的搶手貨。一九八〇到一九九〇年，美國的暢銷書排行榜上，他的小說總是名列榜首，久居不下。史蒂芬・金善於透過營造恐怖的氣氛來震懾讀者。

史蒂芬・金曾說：「對我來說，最佳的效果是，讀者在閱讀我的小說時因心臟病發作而死去。」人們為什麼會如此迷戀恐怖小說呢？

因為大腦優先關注的資訊有四類：令人恐懼的資訊、令人激動的資訊、令人新奇的資訊、令人困惑的資訊。

當我們受到驚嚇或者身處險境時，大腦會分泌多巴胺，也會提升我們腎上腺素的分泌量，讓我們變得更加敏感，樂於冒險，無所畏懼。

恐怖小說、電影是一種安全的恐懼刺激。經過很多「腎上腺素成癮者」的證實，恐懼讓人擁有相當大的滿足感。因為我們的大腦中，處理恐懼和滿足的區域大部分是重合的。我們大腦中的「恐懼中心」，也就是杏仁核，有時候會被虛假的恐懼啟動。但由於大腦皮層知道我們並沒有真正身處危險之中，因此大腦所得到的信號是愉悅的感覺，而不是恐懼。

史蒂芬．金的過人之處在於，他善於將我們日常生活中的壓力用恐懼的形式表現出來。觀眾知道自己是在看電影，所以也知道自己處於安全中。正是因為知道安全，所以很多人願意去體驗恐怖的事情和參加冒險的活動。

3 叫外送，會讓你吃得更多

一般情況下，人對著螢幕說話會比對著其他人說話更誠實。而且很多人在網路論壇上面也比在生活中更加坦誠，即使論壇也是完全公開的。這是因為，在面對螢幕的時候，我們會有種匿名的感覺。

在醫院裡，醫生問病人健康狀況的時候，病人可能會吞吞吐吐，或者無法誠實的說出自己的狀況。但是，如果讓病人在電腦上回答醫生的詢問，他們就能夠非常坦誠、直接的說出自己的情況。

行為學家阿維・高德法布（Avi Goldfarb）做了一項調查：研究人員招募了六百個人，然後隨機給他們安排不同的測試方法。對其中一部分被測試者，研究人員透過人聲來詢問他們多久喝一次酒，而對另一部分被測試者則透過手機簡訊來詢問。

很快，一個清楚的答案顯現出來：當問題是以簡訊的形式呈現，人們回答問題時會更坦誠，超過三分之一的人承認在過去三十天中有酗酒。也就是說，人們似乎更願意對著一臺機器坦白那些他們永遠都不會對人說的事情。

儘管「匿名」會讓人們變得更誠實，但它也有消極的一面，會讓人們做出很多不負責任的行為。比如，人們會在臉書上肆意的攻擊他人。

螢幕所產生的匿名效應，不僅影響著人們對食物的選擇，更影響著人們對文化資訊的消費。美國有位女作家在網路上寫了一部名叫《格雷的五十道陰影》（*Fifty Shades of Grey*）的小說，因為在網路上點擊率高，才得以出版並暢銷。

這部小說之所以能夠出版並暢銷，是因為它滿足了人們某種隱祕的欲望。如果這部小說一開始就印刷成實體書，很多人肯定會羞於購買，畢竟小說的內容太過私密。而如果在網路上閱讀的話，周圍的朋友、親人就不知道你曾經「消費」過這種小說。

正因為這部小說最開始是以網路文學形式傳播的，人們可以在網路上閱讀，才間接的促使這本書被人們關注。《格雷的五十道陰影》的點擊率之所以很高，而且紙本書暢銷，與匿名效應不無關係。

我們平時在看菜單進行點餐時，會更中意哪些食品呢？發表在美國期刊《心理科學》（*Psychological Science*）上的一項研究顯示，面對一堆食物的時候，我們除了考慮食物的味道、營養之外，還會關心另外一個重要問題——食物所含的熱量。你可能沒有發現，很多時候，我們會對高卡路里的食物更感興趣。

科學家試圖找到食物所含熱量與特定腦區活動之間的聯繫，於是科學家對二十九名健康的成年人進行了測試。測試中，科學家向他們依次展示了五十種常見食物的圖片，如蔬菜沙拉、麵包、漢堡、炸魚、薯條、宮保雞丁等，並要求他們說出對每種食物的渴望程度，同時根據經驗估算每種食物所含熱量。

結果，在對食物渴望程度的評價上，人們一致對高熱量食物情有獨鍾。也就是說，人們本能的喜好高熱量的食物。

在基督教文化中，「暴食」是「七宗罪」之一。可以說，吃得多是件很羞恥的事情。所以，出於對健康、社會評價等因素的考慮，人們會主動克制自己，少吃點高熱量食物。然而，當人們透過電子設備點餐，或者叫外送時，因為不會被人看到自己點了多少食物，所以可能會點得比以往更多，而這就是匿名效應所引起的反應。

4 懸念，給大腦帶來未知的獎賞

目標、回饋、進步、挑戰、懸念、社交等，都可以對我們的大腦進行獎賞。

「懸念」一詞最早源於西方編劇理論。中國的戲曲理論著作中，也有結扣子、賣關子等類似於懸念的說法。懸念，本質上是製造未知的預期，對受眾的大腦進行獎賞。

懸念也是電視連續劇讓人上癮的一個重要機制。在美劇中，每一季的結尾通常都會給人留出大量的懸念。

以美劇《絕命毒師》（*Breaking Bad*）為例，該劇講的是一名高中化學老師變為製毒高手的故事。這部美劇一開始就吸引了無數的觀眾，因為它在一開始就設置了很多懸念。

《LOST檔案》（*Lost*）和很多美劇一樣，每一集中出現的問題，會在結束時得到解答，與此同時，每一集結尾又會留一個新的懸念出來，吸引觀眾繼續觀看下一集。可以說，美劇的劇情環環相扣，出人意料。

但只要觀眾回饋不好，編劇就必須絞盡腦汁，推陳出新，否則該劇集可能就要面臨停拍的風險。

現代影視行業之所以被稱為「影視工業」，是因為它有一套標準化的製作流程。編劇作為影視工業的一環，自有一套製造「精神癮品」的流程。

5 遊戲設計者必勝攻略：代入感與沉浸感

人們在看故事的過程中，會對主角的喜怒哀樂感同身受，這種現象就是常說的「代入感」。在這個過程中，人們會忘掉現實，沉迷其中，讓大腦暫時獲得愉悅的獎賞。

正如史迪芬．平克所言：「當我們沉浸在書本或電影中時，我們彷彿看到了迷人的風景，和重要人物親切交談，愛上了令人銷魂的男人或女人，保護自己的愛人，達到了不可能的目標，而且打敗了邪惡的敵人。這錢花得真是值得！」

而所有的遊戲廠商最注重的一個遊戲概念就是沉浸感，有一家頗具實力的遊戲公司名字就叫 Immersion（沉浸）。

沉浸感是遊戲中最強大的體驗之一。玩家將自我的意識投射到遊戲中的虛擬角色上，與自己在遊戲中的角色融為一體，發生在遊戲角色身上的事對玩家來說意義重大，就好像是真實的發生在自己身上一樣。

所以，遊戲設計師要和編劇一樣，透過構建一個真實可信、合乎邏輯的故事和世界，才能將玩家與遊戲角色融為一體，玩家才會更投入體驗，並感受其中的喜怒哀樂。

華特．迪士尼（Walt Disney）最初是以卡通製作師的身分開啟他的事業之門。後來，迪士尼發現自己只能利用視覺和聽覺範圍內的手段製作電影，於是想到了一個計畫，讓觀眾穿越到電影情景所構成的時空隧道中。

走進迪士尼樂園的大門，遊客可以親身體驗到按照電影劇本設計的真實場景。遊玩迪士尼樂園，就像經歷了一場電影。

HBO製作的科幻劇《西方極樂園》（*Westworld*），展示了人們沉浸感和代入感的終極夢想。在一個按照故事線設計的樂園裡，人物都是由機器人扮演的，它們不僅具有超高模擬外形，還有自身情感，而且能帶給人們最真實的體驗。

這種高科技成人樂園，可以給人們帶來更加真實、刺激的體驗，是一種虛實結合的娛樂形態，目的是透過虛擬的故事和體驗，獎賞我們的大腦。

迪士尼樂園與時俱進，為其使用3D列印出的「柔性機器人」申請了一項專利。這種機器人有與人類高度相似的皮膚，從外表看來與《西方極樂園》裡那些長得像人類的機器人毫無二致。這也說明，迪士尼已經為虛實結合時代的到來做好了準備。

第 14 章

顧客與產品的心靈連接

蘋果的基因決定了只有技術是不夠的。我們篤信，
是科技與人文的聯姻才能讓我們的心靈唱歌。
——蘋果公司創始人／史蒂夫・賈伯斯

1 再看一次馬斯洛需求論

技術的進步，使得品牌與消費者之間的連接成本大為縮減。生產者要生產出夢幻般的產品，而不是對消費者毫無吸引力的東西。當生產者把沒有價值或者不好的產品扔給行銷人員時，他們其實是很難賣出去的。

人們究竟需要什麼樣的獎賞？我們不妨把馬斯洛的需求層次論這一經典知識翻出來。需求層次論是美籍猶太裔心理學家馬斯洛在一九四三年的論文《人類動機的理論》（*A Theory of Human Motivation*）中提出的。

在這篇論文中，馬斯洛將人類的需求從低到高分為五種，分別是：生理需求、安全需求、愛與歸屬需求、尊嚴需求和自我實現需求。

一九六九年，馬斯洛借鑑了管理學中的X理論和Y理論，將自己多年來總結出的需求理論進行了升級整合，最後提出了一個終極版的需求層次論，即X理論、Y理論、Z理論

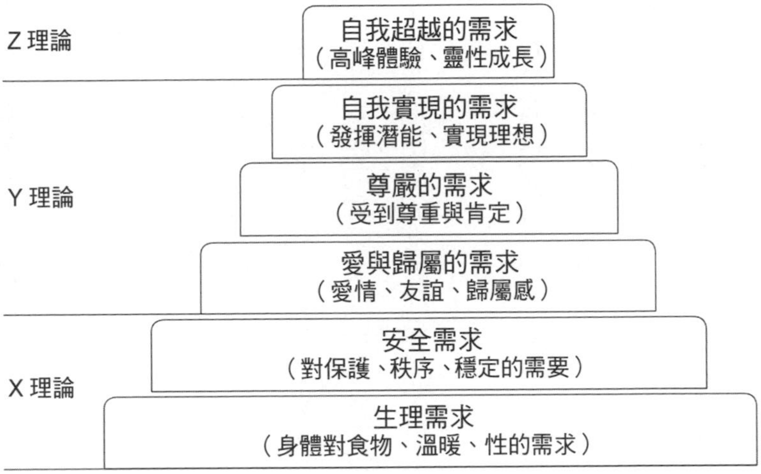

圖 14-1　馬斯洛的 X 理論、Y 理論、Z 理論

（見圖 14-1）。

Z 理論證明了人是有靈性的，在此理論中，馬斯洛提出了超越型的自我實現，即神聖化、靈性化的體驗。這被馬斯洛稱為「超個人心理學」，而這個理論也為他贏得了極高的聲望。

2 比馬龍效應：我也要像模特兒那樣性感

有人說：「佛洛伊德為我們提供了心理學病態的一半，而馬斯洛則將健康的那一半補充完整。」其實，馬斯洛提出的終極版需求層次論，對應的就是各式各樣的獎賞。

自我實現的預言又叫「比馬龍效應」（Pygmalion effect）。雕刻家比馬龍愛上了自己用象牙雕刻出來的女神雕像，所以他每天對著雕像說話，最後那座女神雕像變成一位真正的女神。

也曾有網友總結，汽車廣告的一般規律：「低價汽車廣告，不外乎強調全家人坐在車上其樂融融；中高級轎車的廣告，不外乎是風流倜儻的青年邂逅了美女；而昂貴的越野車的廣告，則多是事業有成的男子駕車到無人區釋放自我。」

人的自我實現預言，或者說願景，其實就是一種名叫鏡像神經元的神經細胞在起作用。近年來，關於人類鏡像神經元的研究，已經成為認知神經科學領域的一個熱門課題。有些研究者認為，鏡像神經元之於心理學，猶如DNA之於生物學。

很多時候，驅使我們去模仿別人的就是鏡像神經元。比如我們向嬰兒笑，嬰兒也會學著笑。人類天生就是善於模仿的動物。

心理學家透過大腦掃描技術發現，當被測試者看到錄影中的人物做出感到噁心、難受的表情時，他們的大腦皮層反應與自己聞到難聞的氣味時是一樣的。這種大腦皮層反應，集中在有鏡像神經元分布的區域。

看到悲劇，我們會黯然神傷；看到運動員在賽場上奔跑，我們會充滿力量；看到別人打呵欠，我們也會不自覺的跟著打個呵欠……。

鏡像神經元還是一些高級心理活動的物質基礎。所謂感同身受、代入感、心領神會、默契等，都是因為大腦中的鏡像神經元在起作用。

美國研究人類進化的心理學家派翠西亞・格林菲爾德（Patricia Greenfield）說：「鏡像神經元為文明的進步提供強大的生物學基礎。」人類有模仿以及隨波逐流的本能。文化、風俗、風尚的出現，都是因為人的大腦中有鏡像神經元的存在。

時尚的規律一般是：「菁英先嘗試，潮人跟進，接著是一般大眾追隨。」

在三十年前，人們把牛仔褲當成時髦、性感、前衛的服裝，如今它已經成為青少年的必備服裝。牛仔褲是一種適合性感行銷的商品。當女性消費者看到穿著牛仔褲的性感模特兒的廣告時，大腦中的鏡像神經元會讓她們有一種衝動：「我也要像模特兒那樣性感。」

3 馬克思：宗教是人民的鴉片

馬克思（Karl Marx）曾在《黑格爾法哲學批判》（*Zur Kritik der Hegelschen Rechtsphilosophie*）中寫道：「宗教乃人民對實際困苦之抗議，不啻為人民之鴉片。」需要注意的是，馬克思撰寫此文時，在當時人們的認識中，鴉片還只是一種止痛藥，一種治病的藥物。

簡而言之，馬克思所想表達的就是：「宗教是人民的鴉片。」而雷軍在接受《商業周刊》採訪時也曾表示：「我就是想用宗教的一些想法來進行商業，我所理解的小米就是一個商業宗教。」

宗教式行銷，這個說法其實不夠準確，因為商業行銷中的很多做法，與宗教的本質背道而馳。我們可以把宗教式行銷改稱為——品牌社群與品牌崇拜。然而，品牌意識遠遠沒有宗教觀念出現得早，所以品牌社群向宗教借鑑一些智慧是可行的。

網路上有不少人將蘋果公司的行銷模式視為宗教式行銷。我們先不要爭論這個說法正確與否，但有一點是可以肯定的，那就是蘋果公司的行銷團隊善於「撩撥」用戶的神經。

在《老子賺翻了！科技鬼才賈伯斯的祕密生活》（*Options: The Secret Life of Steve Jobs*）一書中，作者丹尼爾．里昂（Daniel Lyons）講過一則關於賈伯斯在印度流浪時的段子。有一位古老東方的神祕禪師對賈伯斯說：「美國是靠商業發展起來的，這是美國的優勢。有人想創造出一種具有宗教意義的商品，我並不知道如何實現這種想法，但這種想法必將實現。你的一隻手是上帝，一隻手是物質。不管是誰，只要能將兩者結合就會變得無比強大。」

巴菲特曾公然宣稱看不懂科技公司，卻投資了蘋果公司。因為他知道，蘋果手機即使漲價了也仍然會有大批果粉購買。這就是品牌社群以及品牌崇拜的力量。

4 類宗教情感，讓這些人以果粉自居

如何喚起消費者對產品近似於宗教的情感，是一些科技公司正在探索的課題。對照我們大腦所期待的獎賞，強勢品牌與宗教有一些共通的東西：

1. 願景：宗教中有願景，強勢品牌也有自己的願景。例如蘋果的品牌願景：「人類是改變世界的力量，他們應當用創造力來駕馭系統與結構，而不是淪為它們的附庸。」

2. 粉絲：人以群分，宗教有自己的信徒，強勢品牌也有自己的粉絲。在蘋果產品的凝聚下，粉絲們可以成為一個充滿歸屬感的集群。例如很多人都以果粉自居。而實際上，狂熱的粉絲對產品的讚譽，才是締造品牌神話的關鍵。

3. 傳奇：各大宗教都會透過經典故事「載道」，而市場上的強勢品牌也會把品牌精神附著於各種故事上。

4. 神祕感：宗教具有神祕感，強勢品牌也會製造神祕感。蘋果手機在正式發售前，關於新手機的一切資訊都會完全保密。但越是遮掩，公眾就會越期待。大眾的胃口被吊得很高，於是很多果粉會在手機發售當日排隊搶購。

5. 對立：球隊透過樹立對手增強球迷的投入程度。強勢品牌透過樹立對手，進而強化粉絲的凝聚力和歸屬感。例如一些果粉常揶揄其他品牌粉絲的審美觀。

6. 崇拜：宗教創立者是信仰的核心力量，是崇拜的對象。強勢品牌往往也有一個魅力非凡、氣場強大的領袖。蘋果創始人賈伯斯的身上就有一種傳說中的「現實扭曲力場」。當然，也有人將賈伯斯的現實扭曲力場認作是一種洗腦能力。

7. 稀缺：物以稀為貴，稀缺至關重要。許多公司經常也會採用飢餓行銷的策略來吊大眾的胃口。

後記
所謂強者，就是一種積極成癮

人們本質上是荷爾蒙的奴隸。大腦會分泌多種能讓人產生快感的荷爾蒙，引導人們的行為，例如產生快感的多巴胺、令人放鬆的血清素、帶來激情的「正腎上腺素」、負責鎮痛的腦內啡，以及促進我們社交的催產素……。

人的欲望有各式各樣，皆是因大腦中「獎賞迴路」搭建方式的不同造成的。大腦是一個追求快感、逃避痛苦的器官。

這是一個越來越容易成癮的世界，有人玩遊戲成癮、有人背單字成癮、有人花錢成癮、有人省錢成癮、有人偷閒成癮、有人工作成癮……。

經濟學中的邊際遞減效應，例如吃麵包，你剛開始吃幾片，覺得很好吃，然後再讓你吃幾片，你可能會覺得味道還行，但是讓你連續吃上幾片，你可能就會感到沒有那麼好吃了。也就是說，同一種令我們快樂的事情不斷重複，我們就不會感到那麼快樂了。

但是成癮現象打破了這個迷思，像是聽音樂遇到旋律優美的音樂，我們會反覆聽，其效應並不會遞減。更奇怪的是，一些本來不那麼入耳的音樂，如果反覆的聽，也會慢慢接受，甚至會喜歡上它。

癮是一種非理性的行為。這種非理性有消極的一面，也有積極的一面。廣泛來說，一切與邊際遞減效應反著來的，讓人沉迷、戒不掉的事情，皆可歸為成癮的範疇。

做積極的事情也是可以上癮的；閱讀、健身、推銷、創業和遊戲一樣會讓人上癮。**所謂強者，不過是一種積極成癮者**，他們把克服困難、獲得成就當作一種「過癮」的行為。

成癮是一種非常普遍的現象。人們購物後想剁手的心情，與癮君子的罪惡感是同質的。上癮並非不可容忍，關鍵在於把握尺度。

每個人都會對某一種東西或者幾種東西上癮，就算你對菸、酒、賭博沒有癮，但你很可能對追星、滑手機、追電視劇、吃辣味食品等上癮。從這個角度來看，人人皆有癮頭。

世界正在變得越來越容易讓人成癮。在市場行銷、產品設計當中，有一些企業會不自覺的利用人類成癮的機制，而這種濫用或誤用有可能讓人墜入虛妄的迷陣中，且做出非理性的行為。

誠如矽谷風險投資家保羅．格雷厄姆（Paul Graham）所說：「除非造就這些產品技術進步的『形式』受到法律的約束，否則在未來四十年裡，人們對產品的依賴程度將遠遠超越過去。」

法律不可能要求所有的產品、服務都像菸、酒一樣放上警告語，或者像網路遊戲一樣建立防沉迷系統。這就要求我們對自身的行為規律有一定的認識，進而實現對自我生活的把控。

真理是相通的，我們在本書中看到的這些，不僅有利於我們掌握行銷的祕密，還有利於加強自我管理以及建立良好的人際關係。

覺悟的力量是強大的。當我們認清了人類大腦中成癮的機制，就能理解人類的欲望是怎麼產生的，進而更好的利用成癮機制進行行銷，或者塑造一種積極成癮的生活方式。

參考文獻

1.《買我！：從大腦科學看花錢購物的真相與假象》（*Buyology: Truth and Lies About Why We Buy*），馬汀・林斯壯（Martin Lindstrom）。

2.《可口可樂的征服：全球超級商業帝國董事長自述》（*Inside Coca-Cola: A CEO's Life Story of Building the World's*），內維爾・伊斯德爾（Neville Isdell）、大衛・比斯利（David Beasley）。

3.《品牌，就是戒不掉！》（*Brandwashed: Tricks Companies Use to Manipulate Our Minds and Persuade Us to Buy*），馬汀・林斯壯。

4.《鉤癮效應：創造習慣新商機》，尼爾・艾歐、萊恩・胡佛。

5.《螢幕陷阱：行為經濟學家揭開筆電、平板、手機上的消費衝動與商業機會》（*The Smarter Screen: Surprising Ways to Influence and Improve Online Behavior*）索羅摩・班納齊（Shlomo Benartzi）、喬納・雷爾（Jonah Lehrer）。

6.《怪誕行為心理學：學會駕馭你的非理性》，孫惟微。

7.《強勢占領：加多寶》，孫惟微。

8.《銷售猿：業務冠軍的行銷心理學》，孫惟微。
9.《瘋轉：新媒體軟文行銷72法則》，熊貓鯨。
10.《霸屏：超預期的用戶傳播方法論》，張曉楓。

國家圖書館出版品預行編目（CIP）資料

大腦無法拒絕的癮：揭密商家製造成癮行為背後的心理學；但，想成功，你一定要有一種癮。/ 孫惟微著 . -- 初版 . -- 臺北市：大是文化，2020.10
256 面；17×23 公分 . --（Biz；334）
ISBN 978-957-9164-12-2（平裝）

1. 消費者行為　2. 消費心理學

496.34　　109008656

Biz 334

大腦無法拒絕的癮

揭密商家製造成癮行為背後的心理學；但，想成功，你一定要有一種癮。

作　　者／孫惟微
責任編輯／張祐唐
校對編輯／張慈婷
美術編輯／張皓婷
副總編輯／顏惠君
總 編 輯／吳依瑋
發 行 人／徐仲秋
會　　計／陳嬋娟、許鳳雪
版權經理／郝麗珍
行銷企劃／徐千晴、周以婷
業務助理／王德渝
業務專員／馬絮盈、留婉茹
業務經理／林裕安
總 經 理／陳絜吾

出 版 者／大是文化有限公司
臺北市 100 衡陽路 7 號 8 樓
編輯部電話：（02）2375-7911
購書相關資訊請洽：（02）2375-7911 分機122
24小時讀者服務傳真：（02）2375-6999
讀者服務E-mail：haom@ms28.hinet.net
郵政劃撥帳號 19983366　戶名／大是文化有限公司

法律顧問／永然聯合法律事務所
香港發行／豐達出版發行有限公司 Rich Publishing & Distribution Ltd
地址：香港柴灣永泰道70 號柴灣工業城第2 期1805 室
Unit 1805,Ph .2,Chai Wan Ind City,70 Wing Tai Rd,Chai Wan,Hong Kong
Tel：2172-6513　Fax：2172-4355
E-mail：cary@subseasy.com.hk

封面設計／林雯瑛
內頁排版／陳相蓉
印　　刷／緯峰印刷股份有限公司
出版日期／2020 年 10 月初版
定　　價／新臺幣 360 元
ISBN　978-957-9164-12-2（平裝）